人生逆转

理财
奋斗记

念伊伊◎著

中国铁道出版社有限公司
CHINA RAILWAY PUBLISHING HOUSE CO., LTD.

图书在版编目（CIP）数据

人生逆转：理财奋斗记/念伊伊著. —北京：中国
铁道出版社有限公司，2019.4
ISBN 978-7-113-25603-6

Ⅰ.①人… Ⅱ.①念… Ⅲ.①财务管理-通俗读物
Ⅳ.①TS976.15-49

中国版本图书馆CIP数据核字（2019）第039422号

书　　名：人生逆转：理财奋斗记
作　　者：念伊伊　著

责任编辑：吕　芆　　　　　　读者热线电话：010-63560056
责任印制：赵星辰　　　　　　封面设计：**MXK** DESIGN STUDIO

出版发行：中国铁道出版社有限公司（100054，北京市西城区右安门西街8号）
印　　刷：中国铁道出版社印刷厂
版　　次：2019年4月第1版　　2019年4月第1次印刷
开　　本：880 mm×1 230 mm　　1/32　　印张：5.75　　字数：130千
书　　号：ISBN 978-7-113-25603-6
定　　价：49.00元

自 序

我写这些理财文稿，是因为这几年通过理财使我的生活发生了极大改善。怀着一颗感恩的心，通过简书平台我把自己理财的感悟和技巧记录下来，后来慢慢地梳理出整本书。不得不说，理财与写作让我的人生发生了逆转。写作不但让我重新"复盘"及优化了一些知识，还可以帮助和启发许多行走在理财路上的人们，多好！因为理财和写作，我人生所有的梦想被一一点燃，激情澎湃，感恩所有支持和帮助过我的朋友！

虽然这是本理财书，但我同时想让大家把它作为一本励志书。是的，曾经的我是一个被丈夫抛弃的中年妇女，在没钱、没有工作的情况下，苦苦挣扎在社会的最底层。所幸我通过努力工作、勤奋学习和实践所学到的理财知识，慢慢让自己悲催的生活得到了不断改善，各种升级和打怪，不敢苟且。现在的我因为理财而变得自信而坚韧，对未来的生活充满了美好的期盼。

像我这样40多岁的中年女人，没钱、没颜、没文凭，也没有社会背景，我都能靠学习来改变自己的人生，年轻的朋友，优秀的你们难道不是前程似锦吗？未来的世界是属于勇敢而努力精进者，强者恒强。有知识、有钱可以让你享受更美好的人生，能让你与亲人生活得更开心幸福，因此，你的付出与努力都值得。生命中的苦难会令我们极速成长，梅花香自苦寒来，绝处逢生会让自己变得更强大且优秀！

我想用自己的经历告诉大家，不论学历高低、有钱没钱，别放弃自我成长。钱的多少不重要，重要的是持有者的智慧。理财是一种理性的生活方式，学习理财，你未来的人生将会变得更美好。知识给人无尽的力量，投资自己是最好的理财。想要财富自由需持之以恒地学习，学会更多技能，打造多维度竞争力，实现自我跃迁。渊博的认知，才能更清晰地看清时代的趋势，抢先一步活在未来，拥抱财富。

每个人的收入来源于两种方式：一种是主动型收入（工资），另一种是被动收入（理财收入）。我们应在工作之余，学会理财这项技能，让自己拥有更多的财富。一个人的赚钱能力再强，不会理财，到晚年照样凄凉。

要想学会理财，你需要改变自己，不论是用钱的方式和思考问题的角度，甚至是与伴侣之间经济上的沟通等，从自己内心深处渴望财富并决心改变自我。当然，你还需用行动去实践，要废寝忘食地学习和实践。没有任何实践的梦想，只能是幻想。不要只停留在想和说上，要撸起袖子做。理财的成功与其他行业的成功殊途同归，我希望你不但能获得财富自由，更祝愿你能获得成功的人生。

如果你偶然间获得此书，无妨读一读，书里穿插着许多小故事，品别人的故事，思考自己的人生，也是一件趣事。只希望那些让人心烦意乱的公式及表格，配合着一些小故事来读，不至于让人感到枯燥而乏味。虽然我知道，谁都愿意看有趣的故事、过有趣的生活、爱有趣的人、读有趣的书、经历有趣的人生……但我还是倾尽全力地在写，文之简拙，请海涵。

就让这本通俗易懂的书陪你开启理财之旅吧！理财也并非有想象中那么高深和烦琐，即使你一时半会儿无法通过理财赚到钱，更不会立马变身为理财达人，但至少你在看这本书，在关注理财就是很大的进步。千里之行，始于足下。只要肯学，一切都还不晚，不是吗？我们生活在一个伟大的时代，人工智能、生物科技、互联网及电子货币等，相信我，只要你准备前行，一切才刚刚开始。

理财的知识面极广，而我仅窥其一二，还在不断学习研究中。我把自己这几年所学所悟分享给各位读者，如果能略微帮助到你，便心满意足。本书共有六个章节，记录了我从找到工作起，告别"月光"到存钱与记账；还谈到了家庭理财以及使用指尖理财的一些技巧；同时告诉你投资自己是最好的理财；还会让你懂得如何才能把钱越花越多、通过理财拥有更美好的人生！

当今社会，人们太多浮躁而急功近利，从不停下来思考自己的德行。钱、钱、钱，没有人不喜欢，然而我看到很多人不择手段地求财，反而破坏了他们内心的安宁与祥和。君子爱财，取之有道。仅凭自身能力赚到的钱，用起来才会心安理得。做聪明勤奋且善良豁达之人，财富自然水到渠成。人生漫漫，努力向自己的梦想前进吧！人生的每一步路都不会白走，只要方向正确，功不唐捐。

最后，感谢你阅读本书！

目 录

第 6 章　怎样把钱越花越多

人生逆转·
理财奋斗记

第 1 章

没有钱，拿什么养活女儿

三军可夺帅也，匹夫不可夺志也。

理财对以前的我来说没多少概念，一直以为只要挣钱比花钱多，银行里有些许存款就 OK 了。以前的我是个特别容易满足的女人，结婚时都是裸婚，认定了他，还洒脱地说："有爱就好"。面包我自己挣，只要给我足够多的爱就好了，简直就是傻白甜妞一个。

婚后，我们一起打拼，从刚开始的打工到后来自己开网店，我都做到了自给自足。一个家如果只靠男人，还是很辛苦，也不公平。我从未给他压力，但我也没精打细算着过日子。

我所有的改变是从离婚开始的。2014 年 5 月，我与丈夫正式离婚，结束了 15 年的婚姻。肝肠寸断，足足用了一年，我才慢慢走出离婚的阴影。

虽说他移情别恋，抛妻弃女，可我们婚后一起挣下的房子，还是留给了我。不，应该是他想留给女儿。女儿我没舍得让他带走，我决定自己抚养女儿成人，交给他我实在是不放心。

可是，从我们开始闹离婚，他就再不肯拿钱回家，真是应了那句：男人心在哪里，钱就在哪里。我的经济立马紧张起来，女儿开始读中学，花钱更厉害了。她一年的学费差不多 2 万元，一个月生活费 1 200 元，大致一算，光女儿一年就要花 3 万元左右。我那时刚回重庆不久，网店生意惨淡，几乎就没有什么收入。我和女儿一个月再省，3 000 元生活费是肯定少不了，可我存款上只剩下 3 万元……

这以后没有男人的日子我该如何是好？没有钱，我拿什么养活女儿呢？与其天天活在失败的婚姻中无法自拔，不如思考和谋划以后独自生存的问题。生活是很现实和残酷的，岂能凭几滴眼泪就能支撑这个破碎不堪的家呢？

张爱玲曾说这世上没有一样感情不是千疮百孔的，确实如此。感情，此时的我真消费不起。我现在需要的是钱，没有钱，我和女儿怎么活？清醒过来的我，一头扎进理财书籍里，如饥似渴般学习理财这门我早该学的生存技能。刘忆如的《女人就是要有钱》上说"女人财务独立才是真正的独立"，如今我算是尝到了财务没有独立且没钱的苦头了。

以后都要靠自己，必须学会怎么样花钱更划算，让手里的钱生出更多的钱，成为我关注的重点。我"恶狠狠地"强迫自己"一定要学会理财，让钱为我挣钱，而不当钱的奴隶。"以后再不想为钱而发愁，我发誓。

首先，我照书上说的把这账户里仅剩的 3 万元分成两份，1 万元当生活备用金，2 万元拿来理财。这 2 万元要留着给女儿交学费，不能有任何闪失，比较了一下，最后选了基金，每月定投。理财要开源和节流，可我的网店几乎赚不到钱，别说开源，工资收入都没有。

于是，我开始在网上狂投简历，找机会去面试。先找到工作，有一份收入就好。我不愿承认我很菜，但确实是职场超级菜鸟。与二十来岁的年轻人比，我是一个特无用的老大姐。对于一个进入不惑之年的中年妇女，你应该能猜到找工作时我受了多少白眼和讥讽……

从生下女儿后，我就再没有上过班，靠自己做点小东小西挣俩钱。我有做过印刷制版、跑过业务、开易趣和淘宝网店等，外加带女儿，基本算是半个"煮妇"。后来在我努力下，真找到了一家各方面还不错的公司，开启了我职场"小白"求职之路。

上班刚开始只有 2 000 元工资，真的好少。我除了每天都记账，分析各种可能省下的钱以外，满脑子就想着如何多攒钱。我不再去逛街，不再买衣服，不再买化妆品，拒绝各种买买买，凡是消费的地方我都敬而远之。各种节约都为攒钱。没有钱，我和女儿都要饿肚子，没有什么比吃饭更重要。

除了吃饭，我还要交女儿的学费，如果没钱，女儿上不了学，岂不罪过？不管怎么样，我都要一切为女儿着想。实在没法，为了女儿我甚至想到过卖血。我暗暗下定决心，一定要努力，活出个人样来，我相信自己一定可以做到。没有爱情，我还有亲情，还有理想。把女儿培养成材是我应尽的责任，任重而道远。

"阅读，是一种救赎"。我需要救赎，我需要救赎自己而变得强大起来。我认为只有不断看书学习，关键是执行和优化学到的知识，除此之外，别无他法。必须要对自己狠一点，除了吃饭和生活必需品，我几乎不敢乱花一分钱。不是特别重要的活动或聚会，我都会以照顾女儿为由，婉言推却。

从某种意义上说，钱就是我女儿的前途与希望。我不能为了自己而耽误了女儿的学习，为了女儿，必须要做到自控。真是遗憾以前的我任由钱躺在银行，没有让它增值，不以复利增值的存钱都是"耍流氓"！

现在的我理财都会考虑中长期的年收益率是多少，怎么才会既安全又合理地让钱生钱。想想看这两年我的变化还是蛮大的，甚至开始有意无意教女儿怎么样花钱更科学，不想让她吃同样的亏。其实，只要自己愿意学，这世上没有什么是学不会的。

成功始于每天进步一点点，卓越始于每天改变一点点。

比如我，学会理财后，只要有点零钱，我会条件反射地存到某个信任的P2P里，哪怕一天只有一元多钱，这是态度问题。你尊重钱，钱自然喜欢你，他会追着你跑。哈哈，想着以后很多钱追着我跑那该多爽，我肯定可以做到。

工作开始的前几个月，我都咬紧牙关，把支出尽可能降到最低，一个月再少也要花3 000元。所幸的是我开始学习理财，从认知上得到转变。钱，不是万能的，但没有钱是万万不能的。我理财，我快乐，现在的我比以前更快乐和自信。财富自由、时间上的自由都是未来我坚定不变的目标。

离婚仅仅是开启了我的另一段人生，为了我的女儿，我还要学习更多，以淡定从容的方式面对生活中各种困难。我知道，要想在经济上得到改善，必须学会理财，不断优化精进自我，日子总归是会越来越好。我天天守着书学习，闭门不出。学习由量变到质变的过程漫长而艰辛，克服人性的弱点，挑战自我极限，追求卓越！

没有钱，拿什么养活女儿？ 理财，是我的必经之路。

1.1 断舍离，理财从月薪 2 000 元开始

我喜欢钱，因为我没吃过钱的苦，不知道钱的坏处，只知道钱的好处。——张爱玲

40 岁是我的转折点，那年我离婚了，女儿跟着我。离婚后我连工作都没有，好不容易找了个工作，工资却只有可怜的 2 000 元，银行里只有 3 万元。生活再苦，我也得想法活下去。

断舍离式的生活我是真正做到了。为了女儿上学，我不敢乱花一分钱，生怕因为自己不小心把女儿上学的学费都给花没了。如果女儿的学费我都拿不出来，那岂不是我这个母亲的失职么？

根据平时看书学到的知识，我把 3 万元分开了，1 万元放在招行的朝朝盈里面，手机银行方便灵活，这个钱当备用金，万一家里有事急用钱，至少不会干瞪眼。余下 2 万元，1 万元买了债券基金易安心回报，余下 1 万元每月定投 1 000 元股票型基金大摩量化配置。

我的工资，我想到了一个不错的办法。首先买来 5 个质量很好的红包，

在红包背后写着第1周、第2周、第3周、第4周、结余。在这5个红包里分别放400元，每周只花一个红包里的钱，实在不够时再从最后的结余红包里取；下个月如果有没用完的钱便放进结余红包里，以此类推。

女儿交学费我就会动用银行里的备用金。配合每天记账，我的钱都用在哪里了，结余了多少，一目了然。在这种没有钱的情况下更应该做到节流。那些随意买化妆品和衣物的日子一去不复返，但我过着极简但内心充盈的平静生活。

女儿住读，平时我一个人在家很省，晚上自己煮点面条或泡饭就打发完一顿。钱包里只放200元，甚至过起了百元周。我每周给女儿130元生活费，学校还不定时要求家长买学习用品，反正我们最困难时女儿也要花1 000元。家里还有水、电、气、电话费等开支，我都坚持不花银行里的钱，日子过得很是清苦。

断舍离哪里还用特意学，简直就成了我的生活常态。除了拼命工作外，我回家就是看书和学习理财知识。在网上常看到很多人说工资都不够花，哪里还有钱理财？可当生活逼到你吃饭都成问题时，我想每个人都会无师自通地想办法去省钱和攒钱。

当然这种情况下根本存不起钱，但后面随着我工资上涨，我就会尽量每月存下500元、700元或者1 000元不等。平常我们在做收入规划的时候主要是参考"4321定律"，即将年收入的40%用于供房和其他投资，30%用于生活开支，20%用于银行存款以备不时之需，10%用于保险。

然而，对于那时的我来说"4321定律"暂时还难以付诸实践。那么当我们条件改善时，我们需要坚决执行的两条守则是：再苦也要坚持存钱、再难也要买保险。后来当我贷款下来有钱时，立马给自己和女儿买了保险。除此之外，一定要控制各种消费，花多少都是需要我们灵活掌握，不断优化的。

作者念伊伊的日常现金支出表

11 月支出统计				
日常支出		预算（元）	已用去（元）	余额（元）
衣	美容理发	100		100.00
	服饰鞋帽	200	140.00	60.00
食	菜金	500	521.16	-21.16
	外出就餐	200	177.00	23.00
	水果零食	100	90.00	10.00
住	房贷	2 200	2 198.00	2.00
	水费	40	41.00	-1.00
	宽带＋手机	200	223.00	-23.00
	电费	100	86.00	14.00
	天然气	80	38.00	42.00
	物业	180	178.00	2.00
行	公交	100	100.00	0.00
	打车	50	35.00	15.00
生活	生活用品	100	65.00	35.00
	公主费用	1200	924.00	276.0
	旅游支出	400		400.00
	家政支出	300	300.00	0.00
	书影费	300	228.00	72.00
人情	父母	200		200.00
	其他	300	270.00	30.00
	零花	200		200.00
合计		7 050	5 614.16	1 435.84

　　上图就是我自己的每月支出表，我的收入增加了不少，所以我的开支也有所增加。其中，我投入学习每月都要花几百元，还请了位阿姨帮我打扫卫生，这样周末我才能抽出更多的时间来学习和写作。

　　我还用手机理财和记账。只要自己下定决心好好学习理财这门技能，不论是谁，终有一日能成为优雅从容地掌控自己生活的理财达人。

　　相信钱的力量，用合法的方式赚钱、存钱，并且适当地分享给需要的

人，就会增加取得财富的能量，让世界变得更美好。

1.2　聪明地消费，为自己攒下更多

财富是很棒的东西，因为它代表权力，代表休闲，同时也代表自由。——洛威尔

"今天世纪百货打折，一起去！"

"'双11'，你在网上抢购了哪些宝贝？"

"重百要搬家，各类珠宝都打三折，一起去看看？"

......

现在每当有朋友打电话给我，约我一起去购物，一起刷卡各种买买买的时候，我都会婉转地拒绝。因为我知道这种没有计划的购物，都是冲动型购买，买回来的东西很多压箱底，有的甚至没用过一次。

记得有次我与闺蜜一起逛街，逛到施华洛世奇店里，好多精美的首饰和发卡在展示柜子里闪着璀璨迷人的光芒，看得我心情激荡，欲罢不能，根本不想走。闺蜜买一个1 000多元的漂亮发饰，我的目光流连于耳环与项链之间，久久舍不得离开半步。那条晶莹剔透的五彩水晶长项链，搭配我的连衣裙一定棒极了。我还没有一条拿得出手的长款项链，可惜要2 000多元，内心挣扎得厉害，很犹豫。好友见我喜欢，一个劲地在旁边怂恿我刷卡买，说什么女人要对自己好一点，你不花钱当心别人替你花……

最后我没抵抗住诱惑买了回来，这几乎是我前半生中最贵的一款装饰项链。买回来仅仅戴了几次，就被我放进了首饰盒中束之高阁，不再宠爱。现在只要一想起它，我购物的欲望立马消失，不想再为冲动而埋单。很多

第 1 章
没有钱，拿什么养活女儿　009

女人都喜欢购物，甚至还有不少购物狂。每次看到百货店打折，购物狂们为了抢购而疯狂的火爆场面，让我目瞪口呆，听闻超市打折甚至还闹出了人命，更是匪夷所思。

试问，那些物品难道比命还重要吗？赚钱其实很不易，我们不但要会赚钱，还应该学会聪明地花钱。要分清什么是必需品，过度花钱是一种不理智行为，只会在月底还信用卡账单时痛苦万分。可我们是女人，我们也喜欢那些漂亮衣服和包包，还有让我们变得更美的化妆品啊！不是不买，我们只是要分清是否值得购买，而且是适合自己消费能力的产品，少而精，更能体现其品位。

钱就是要花在刀刃上。现在打死我也不会买 2 000 多元的装饰项链，这些钱够我女儿在校两个月的生活费了。没有任何物品能比我宝贝女儿更重要，攒钱就是要把钱花到她身上保证她的生活。我开始理财后，都会在月初做好当月消费预算，衣食住行其他等都有固定金额严格控制着，这样消费就能很好地把控住自己的辛苦钱，极简生活着。

很多朋友都不知道自己每月的钱花哪去了，就应该重视自己的消费行为，看看是否被以下几点戳中：

（1）冲动是魔鬼：看见喜欢的就走不动路，买了包包又买衣服，为了配得上这件衣服各种买。最后买了一堆本不该买的服饰，本来只是想花几百元，最后居然花出去好几千。我以前就这样，唉……

（2）打折图便宜："双 11"网购节，"双 12"呢？还有实体店打折呢？是不是各种买买买，"剁手"也停不下来。

（3）品牌狂：香奈儿、迪奥、雅诗兰黛、iphone 等各种大牌如数家珍，其实也就是心理作用。大牌并非有多好，国产的宝贝一样好用，适合自己和自己需要的才是重点。

（4）盲目攀比：闺蜜买了啥，自己就也想要买啥；同事换了手机，自己也想要换个新手机。

（5）面子消费：请朋友去高档餐馆就餐或 K 歌，人情份子钱也要和别人一样送个大红包，这些消费完全没必要。

如每个月能省下 1 000 元，一年也就 12 000 元；如果这些钱投资到 8% 的理财产品上，一年就得到 12 960 元了呢！如果我们学会聪明消费，改掉上述的一些"漏财"行为，一个月省下的钱也不少，把这些钱用来理财投资，钱再生出钱，那是多么美妙的一件事！钱就是要花在刀刃上，像爷们似的要什么才买什么，继而慢慢攒下人生的第一笔本金，开启财富之门，增加自己的资产。

聪明女人，精明的消费，为自己攒下更多钱！

1.3　怎样做才能告别"月光"

我们都可以成为财富的拥有者，只要你真的去行动，没有任何人能够阻止你成功。

我有个闺蜜，很会赚钱，几乎每月收入都能上万元。但她居然问我贷款的事，说自己的钱不够花还要还信用卡，现在都周转不过来了。我吓了一跳，问她难道没有存钱？她说钱都购物了，买了许多名牌包和衣服，还办了美容卡和健身卡，平时常和朋友出去搞消费……然后她的钱就不知不觉花没了。

天哪，她也真够败家，每月居然要花上万元。如果她还不醒悟，还不学着理财，以后的日子照样过得苦哈哈，真替她痛心疾首。我跟她说你还是开始记账学理财吧，不然你以后还是没钱花，赚再多也没用。不改掉乱消费的坏毛病，她的未来想想都不寒而栗。

况且她还有个正在上中学的儿子，她真该好好反省一下自己了。她过成这样，儿子以后的生活也堪忧呢！只要她坚持记账几个月，她很快就会发现自己过度消费，从中找出败家的症结所在，随后对症下药纠正，严格控制这些败家行为，继而慢慢杜绝钱在不知不觉中就花光的惨事。

那么，我们要怎么做，才能告别"月光"？会记账只是防止月光的第一步，还需做到以下 4 点。

（1）养成攒钱的习惯：没钱，我们拿什么来理财呢！所以我们存下的本金就很重要，必须养成每个月固定攒钱的好习惯。每月攒钱，每月攒钱，每月攒钱，重要的事说三遍！

（2）小心信用卡陷阱：前段时间的裸贷事件还记忆犹新，自控力差的人最好不要用信用卡；如果要用最多办 1 张，坚决不做卡奴，记住冲动是魔鬼。为物欲而毁了一生就太不值得了，慎重。

（3）投资自己：没有什么比投资自己更重要，把自己的辛苦钱花在提高自己和理财等技能上，与时俱进多维度地发展自己才不会被社会淘汰。

（4）学习理财技能：理财是一种技能，只有提高自己的理财知识，才能更好地运用到自己的理财生活中，理财能让我们对未来的生活更加可控和踏实。

看看娱乐界，那些会理财的明星大都过得顺风顺水。如 20 世纪 80 年代的歌手邝美云淡出歌坛后开始投身珠宝行业，2000 年考取了珠宝鉴定文凭，成为珠宝鉴定师，并且斥资 5 000 万港元在香港远东金融中心开设个人珠宝店，随着生意越做越大，她又合作投资拍卖行，成为拍卖行董事。她的这些投资令她赚得盆满钵满，成为香港人眼里当之无愧的理财第一女星。

明星离我们太远，可身边的朋友赚了很多钱，或者别人理财买了 N 多套房等，让我们羡慕不已。"与其临渊羡鱼，不如退而结网。"我们都可以成为财富的拥有者，只要你真的去行动，没有任何人能够阻止你成功。

理财吧，趁年轻！

世界上没有注定一贫如洗的人，只有不愿行动的人。

1.4　借钱，真心伤不起

善良的人永远是受苦的，那忧苦的重担似乎是与生俱来的，因此只有忍耐。

如果你最好的朋友，或者是自己家的兄弟姐妹找你借钱，你会借吗？我想善良的我们多少会借一点。比如我，就是常常被借的对象。

我就纳闷了，为何我一个单亲妈妈，自己辛苦工作独自带着女儿，日子都过得很艰辛，为何还是不断有人向我借钱？长这么大，我仅仅向自己家的亲人借过一次钱。那次借钱，自尊心受到重创。发誓从此以后再不借钱，包括自己的父母。没钱就少花，就是自己在家吃咸菜也决不向别人借一分钱。

第一个向我借钱的人，就是我的亲弟弟。自 2003 年花言巧语向我借了 2 万元后，从此再不提还钱的事。

我催问过好几次，他总是一拖再拖至今都没有还一分钱。最后弄得我自己倒不好意思起来。为了这事我父母还说过我，说他肯定会还钱，只是时间问题。只有我自己清楚，根本就是有去无回。像我欠他钱一般，唉！

前不久，我那抛妻弃女的前夫，破天荒打电话给我。我还说他良心发现，想到要寄钱给女儿交学费！结果他扯来扯去，说到最后居然向我借钱，说他现在出现了经济问题。我果断拒绝了他，抛开他薄情地离开我和女儿不说，只单单说借钱这事，一个成年人是要为自己的行为付出代价的。他一走了之，不管不顾，现在还向我借钱，这是多么讽刺的一件事。真心替他的未来担忧，希望很丰满，现实很骨感。年光似鸟翩翩过，世事如棋局局新，真心希望他能尽快过上自己想要的生活。

就在前段时间，我的一个朋友，看上去老实忠厚的样子，却是一个不折不扣的大骗子，几乎骗光了身边大多数肯借钱给他的人，足足圈了2 000 来万元后人间"蒸发"了……据说被骗得最惨的一位，竟然把自己仅有的一套房子抵押了几十万元借给他，现在每月还几千元的房贷，本金根本还不起，家庭到了支离破碎的边缘，日子过得像在地狱里煎熬一般，苦不堪言。

所以善良的人们，借钱还是请三思而后行，血汗钱得之不易，慎之再慎！要知道：笑，世人和你一起笑；哭，就只有你独自一人哭！

借钱，真心伤不起！

1.5   离婚后，三万元到三十万元我只用了三年

君子不患位之不尊，而患德之不崇，不耻禄之不伙，而耻智之不博。

离婚之初，我的账户上只剩下最后 3 万元，怀着悲壮的心情，开启了我艰辛而漫长的职场与理财生活。工作总算是找到了，虽然刚开始几个月只有2 000 元，我还是非常开心地努力工作着。我要怎么样才能快速攒到

一笔钱，不用这么拮据，让自己多少有点安全感和信心呢？这是我那段时间不停思考的一个问题。

机会很快就来了，有一天与朋友聊天时，了解到她对银行的贷款业务比较熟，常为一些急需资金的客户做相应的贷款。我当时就非常感兴趣，把自己的情况跟她说了下，她跟据我的实际情况，推荐我做了银行的贷款。也就是用我的房子做低押，以装修房屋的消费方式可以贷出 48 万元，从而盘活我的房产。

我很动心，回到家后思考了好几天。我的房子是全款房，如果我不能把控好这笔资金，万一出现投资亏损，我和女儿还怎么生活，难道去露宿大街吗？可如果我不在工作之外挣点钱，我怎么去支付女儿昂贵的学费？我几时才能攒到足够多的钱把女儿养大？为了逼自己快速学会理财，我决定试试，壮着胆把这件看似风险很高的事给办了下来。于是，在那个难忘的 2015 年 2 月底，我成功地向银行贷出款，整整 48 万元，再加上我自己还剩下的 2 万元，我手上凑足了 50 万元。

写到这里，我想起一个很有趣的故事。国外有位老太太，开着她的车去银行贷款，还抵押了许多贵重珠宝及有价证券等。银行专员问她需要贷多少？她却说贷 1 元美金。专员很惊讶，提示她以她提供的资产可以贷出更多的钱。而她再次重申只要 1 美元。专员非常困惑，十分不解她贷 1 美元能有什么用？老太太却精明地笑着说："我并不缺钱花，只是这 1 美元的停车费在整个洛杉矶都是找不到的。"

原来，这位老太太要出国旅游，她要找稳妥的地方存放她的车子及贵重物品，还有什么比在银行存放东西更安全呢？

我看完这个故事后也受到了启发，我以前忽略理财，思考问题的维度很单一。只想着家里没啥钱，没必要理财。还有就是因为我自认为生活稳定，想赚更多钱的欲望并非那么强烈。

直到我被逼到绝路，我所有的注意力都聚焦在攒钱和理财上，没有条件我也会尽力去创造条件和努力学习，我相信自己能做得到，绝处逢生后柳暗花明也未尝不可。再说没有钱，我怎么养活女儿和自己？没有钱，怎么过上自己想要的生活？为了女儿和自己过得更好，我是拼了命一般地努力。

要做的事情总找得出时间和机会；不要做的事情总找得出借口。

一、2015 后

当我手上有 50 万元的资金时，心里真是五味杂陈，兴奋和恐惧轮番袭击着我，让我处于极度亢奋之中。

这可是我生命中再一次做出重大的决定，没有其他人可以商议和帮忙，唯有自己独自面对这一切。我笃定，操作好了日子会好起来，如果失败了，就是灭顶之灾。

当然我会尽最大努力把控好，成功的机会还是会有的。我相信自己可以赚到钱，只是到底能赚到多少就不得而知，至少可以做到不会亏损太多。

我利用自己平时看书学到的知识，把钱进行了合理的规划。并做了详细的投资计划，把资金分成了几部分，分别投到基金、股票、P2P 和银行理财产品之中。

书上说做理财要进行合理的资金配置，根据自己的风险承受情况，还有自己的能力来制定投资方案。

因为这笔钱不能亏，我的水平有限，所以进行了以下保守的配置。

1. 紧急备用金：2 万元

这 2 万元我买了招行的招招盈，招招盈是每日计息，利率每天都有小波动，年率在 2.5%~2.9% 之间，超级好用，省心又灵活，是我常用的理财工具之一。

不过后来我买了好规划网的随心攒，年利率是 5%，比招招盈高很多，要用钱的时候到账也很快，深得我心。

只是随心攒有一个缺点，当天最多只能转出 3 万元，所以我一般都会存 3 万元以下。钱多了就买成其他的产品，以获取更多的理财收益。

2. 理财产品：占总资产的 20%　风险很低

我用了 10 万元买了银行的理财产品（泰康保险），这是我当时的招商银行的理财经理建议配置的理财产品。

他说此款理财产品比较稳健，不会出现很大的风险，当时我买这份产品也是图个安全感，我不求它有多少收益，只图它能稳妥地保住本金就好。

3. 基金：单笔投资外加定投，占总资产的 50%　风险适中

基金是我的重仓投资，前前后后我差不多投入了 25 万元，为了我的资金安全，我花了很多时间对基金做了不少功课。

我看了不少基金方面的书，其中台湾基金教主萧碧燕的《买基金为自己加薪》和《靠基金，小钱也能变大钱》写得不错，我学到很多以前不知道的知识。

为了资金安全，我从低风险的货币基金，中等风险的债券基金和高风险的股票类基金都有配置。

货基和债基的风险小，所以都是一次性买入。我买了华夏现金增利和易安心回报，各买 5 万元。余下的 15 万元买了中欧蓝筹，大摩量化配置和宝盈核心优势等几只高风险的股票基金。

股票基金和混合基金风险比较高，我是先买入 1/3 的仓位，余下的钱

每月定投，这样风险就会小很多。

而且每个月我都要查看基金表现情况，根据其表现情况会做一些调整，把涨得慢的基金卖掉，留下强势的基金。

4. 股票：占资金 20%　高风险

我学习了好几年股票，交了不少学费，但从未赚到过钱。所以股票上我不敢投太多，怕资金损失，只用了 10 万元进入股市。

事实证明我的判断是正确的，2015 年我没在股票上挣到多少钱，投了 10 万元，只有 1 万多元利润。

股票的大起大落让我的心也跟着七上八下，人性的弱点在市场彻底暴露出来，真是一场极致的心理承受力修炼大比拼，当中我因为恐惧卖出过股票，几次折腾下来，根本就没赚到钱。

股票在我眼中，就是勇者及智者的战场，更是心智成熟者的最佳舞台。而我还需不断地修炼自己，克服人性的弱点，理性地投资，没有大量的时间和实操经验，想赚钱根本就是痴人说梦，而我在股票投资上还有不少的路要走！

测量一个人的力量大小，应看他的自制力如何。克制自己，才能驾驭自己，成就自己。

我很幸运的就是 2015 年刚把资金投入市场，就赶上一波小牛行情，让我的资金很快就获利。

7 月最高时曾达成了 70 万元，可惜我没有卖股票变现，最后仅仅获利 1 万元多一点，又尴尬地坐了次过山车……

2015 年底的时候，我总结和盘点了一下资金，我的资金达到 58 万元，有 8 万元的收益。大部分是基金赚到的钱，股票挣了 1 万元，详细情况如下表：

		2015 年投资收益情况表		
资产配置	金额（元）	投入方式	收益（元）	备注
备用金	20 000	招行朝朝盈	200	灵活快捷，就是收益很少
股票	100 000	多看少动	11 000	坐了过山车，赚到手的钱极少
基金	250 000	定投为主，3~5 只	80 000	遇上一波行情，幸运赚到钱
银行理财	100 000	康泰保险，投资债券和股票	-1 300	股市下跌，理财产品一样亏钱
民间借贷	30 000	出借给朋友周转	2 700	
合计	500 000		92 600	

但 2015 年我的支出也不少，特别是房子的贷款利息，就是一笔不小的开支，加上女儿和我们的生活费，算下来有 8 万多元呢！

	2015 年资产总结		
收入（元）		支出（元）	
年初余额	20 000	生活费	29 600
2015 年工资收入	40 000	女儿学费	15 000
2015 年奖金收入	10 000	贷款利息	38 000
理财收入	92 600		
合计	162 600	合计	82 600
2015 年结余金额			80 000

2015 年底时，我手上就有 58 万元的资产，看着银行里的资金变多，我心里特别开心，立马盘算着怎么调整配置，让 2016 年资金收益更高。

二、2016 年

2016 年初，我根据 2015 年的收益情况做了总结和梳理，优化迭代了资产配置。

1. 紧急备用金：3 万元

1 万元我依然放在招行的"招招盈"里，省心又灵活，完全能满足我平时的流动性需求。平时刷卡还款，女儿要用钱时，这 1 万元总是能应付自如。

2 万元我放在了好规划网的"零钱包"里，因为收益不错又提现方便，用起来非常满意。这两万元只有给女儿交学费时，我才会动用，等有别的收益进账，我总是会补足这两万元，以备生活中的不时之需。

2. 股票：配置 6 万元

2016 年在股票上，我只拿出 6 万元来练手，因为去年股票收益甚少，我就减少了这方面的资金投入，但又不得不配置股票，毕竟对中国的长期经济发展来说肯定是蒸蒸日上的，而股票是分享经济盛宴的最佳方式。

2016 年我持有金螳螂和东方财富两只股票，只在金螳螂一只股票上获利，一年下来股票账户收益 6 500 元。10% 的收益虽少，但我还是很满足，决定以后采取减少持股，多看少动的投资策略，没赚钱但赚到了经验，对我来说也是一个巨大的进步。

3. 基金：先后投入 23 万元

由于 2015 年投资基金赚了钱，我信心高涨，在 2016 年 1 月就重仓了 5 只基金，其中两只债基，月开鑫和易安心回报各 5 万元，还有三只混合基金，富国低碳、添富民营和中邮战略合计 13 万元。

谁想开年就持续下跌，而我却并没有及时止损，眼睁睁看着这几只基金从 1 月亏损几千元，到后面亏损好几千，我才慢慢地止损卖出。

一年下来本是应该赚钱的标的，却意外地亏了钱。这就是一次性重仓的可怕后果，手上没有现金了，才会因为恐惧而卖出手上的资产。这也是市场给我的一记响亮的耳光，因为 2015 年的获利而忽略了风险，结果因此而付出了亏损的代价。

4. 民间借贷：投入 20 万元

一位我认识多年的朋友舒，他们家开了个金融投资公司，因其风控做得较好，公司这些年发展得顺风顺水，在重庆金融圈里小有名气。我对他的能力和人品比较有信心，所以毫不犹豫投了 20 万元给他们公司周转，每月收取 3 000 元的固定利息。

借这么多钱给朋友，说一点不担心那是假话。多多少少都有风险，虽然收益不错，但也难免担心损失本金。后来听到他们公司副总出了问题，我顺势收回了本金，君子不立危墙之下，钱还是要自己掌控才好。

对我这种单身妈妈，社会最普通平凡之人，唯有把赚到的钱紧紧看牢，才是最重要的，我的女儿还要靠我养大，需要花钱的地方实在太多，我亏不起，只能挣扎着拼命在追逐财富的路上狂奔……

5. P2P 产品：尝试

2015 年底我才开始在微贷网上做投资，先投了 3 万元买微贷网的 1 个月产品，操作了几次比较满意，因为买一个月的产品，这样回款快，我也不用太担心标的安全问题。

后来还在 365 易贷上做投资，但是我都不敢大量投入本金，虽然有的 P2P 平台收益看上去很高，但是高收益代表高风险，我还是投自己熟悉的平台，以保证资金的安全。

对于新出不懂的理财产品，我一般不会去尝试，但会关注新产品，随后会买书学习后才敢进行操作。书中自有黄金屋，真的一点都不假。

6. 贵金属：定投 风险低

工行的一款贵金属白银产品，在网上银行自行买卖。我准备长期定投，为自己的老年生活做准备。

因为对贵金属投资还不熟悉，所以我当时决定拿出 1 万元，以每月定投 800 元，用时间来换取未来的收益，即使一年后收益不太好，我也可以从容地再换成其他投资品种，丝毫不影响我的其他投资。

7. 每月定存：3 000 元

2016 年我的工资待遇有所增长，我便在每月定存上 3 000 元，补足备用金后，会投到安全的货币基金里。

2016 年投资收益情况表				
资产配置	金额（元）	投入方式	收益（元）	备注
备用金	30 000	招行朝朝盈	500	灵活快捷，就是收益很少
股票	60 000	多看少动	6 500	坐了过山车，赚到手的钱少
基金	230 000	一次性重仓太多，亏了钱	-12 000	过度自信，马上就亏钱
民间借贷	200 000	一次性投入朋友的公司	36 000	每月稳定收取利息 3 000 元
P2P	50 000	微贷网	4 000	车贷龙头平台，比较安全
贵金属	10 000	每月定投 1 000 元（工行白银投资）	300	工资发下来后就定投
每月定存	3 000		36 000	包括了收益在里面
合计	583 000		71 300	

2016 年生活支出超过了 2015 年，基金又亏了钱，所以这一年收益并不理想，比 2015 年还少，多少有些让我失望。

2016 年资产总结			
收入（元）		支出（元）	
年初余额	80 000	生活费	42 000
2015 年工资收入	48 000	女儿学费	15 000
2015 年奖金收入	36 600	贷款利息	45 600
理财收入	71 300		
合计	235 900	合计	102 600
2016 年结余金额			133 300

其实 2016 年我的理财收益很不好，特别是去年赚钱的基金居然亏了钱，就是因为我骄傲自大，以为自己学会了基金投资，直接忽视了风险，也没有分批买入，而冲动地一次性买入风险较高的混合型基金过多，结果不幸遇到市场下跌，而我的子弹却提前打光……

还好我投了朋友的民间借贷，不然结果会更惨。唯一欣慰的是，在我努力工作的情况下，工资待遇提高不少，我每月可以做一些定存。

三、2017 年

我其实很不爽银行这 48 万元贷款的利息，每月有 3 600 多元，年利率高达 9%，如果没有找到更好的理财工具获得更高收益，这利息确实让人头痛。我尝试着寻找利率更低的贷款产品。

在朋友的帮助下，还真找到一款利息更低的产品。于是在 2016 年底的时候，我重新换了家利率更低的银行做贷款，这次虽只贷出 40 万元，但是年利率只有 6.6%，一个月 2 200 元左右的利息，比上家银行大约少了1 400 多元，非常划算。

2016 年我手上的结余：133 300 元

加上我的银行贷款：400 000 元

总资产合计为：533 300 元

开年后，我便重新对这些资金做了规划，把钱分批次慢慢投入到市场中。

1. 备用金

备用金依然要有的，平时花费我会用信用卡，让自己的钱放在银行的理财产品中也有收益，只需在还信用卡时转出来，实现收益最大化。

交完女儿大笔学费后，我会用工资收入把备用金凑齐，余下的存起来累积到一定量再合理安排买股票或 P2P。

2. 股票

在 2 月初买入了茅台 200 股，成本在 350 元左右持仓半年，在股价接近 500 元时卖出，有 2 万多元收入，另一只股是云南白药，持有 5 个月，获利 6 222 元。

7 月份开了美豹金融，开始投资美股，持有少量苹果和 facebook 股票。年底时美豹金融要改版调整，平台让所有投资者清仓提现，我无奈抛出美股，因为人民币与美元汇率问题，这次在美股的投资根本没有赚到钱，还生生浪费我不少时间。

3. 基金

去年基金的亏损让我很是挫败，慢慢减仓调整持仓基金，先后卖出了持有的长信量化先锋混合 A，不断地降低仓位，留了点和鹏华添利宝货币在上面。虽然没什么收益，但是总比本金损失要强。

2017 年在基金投资这块我也没什么收益，6 月份我开始学习数字货币后，把基金全部清仓，决定把钱投到美股和数字货币上寻找更好的机会。

我在做换仓时，会深度思考一些问题，得出结论后，会果断卖掉成长率低的资产，转而买成长率高的资产，只有这样才会得到更高的收益。

4. 民间借贷

朋友公司的副总出了资金上的问题，我知道后立马取出了钱，所以2017 年少了稳定的每月 3 000 元的固定收入，多少有些遗憾。但我也不后悔，与其提心吊胆过日子，不如自己把控本金，这样才有安全感。

5. P2P

2017 年依然在微贷网、365 易贷和合时代上面分别理财，持续几年的投资，让我的胆子大了许多，但是 P2P 真的是没有风险吗？当然不是，过度自信放松了应有的警惕，风险会不请自来。

6. 数字货币

2017 年 6 月份进入币圈，在大量学习后买入并持有比特币和 EOS，在随后上涨时不断卖出，因而赚到了一些钱。数字货币是高风险投资标的，如果没有相关知识，很可能会买到空气币，也有可能追高被套，甚至在钱包和网站转币时，也容易出错而使资金受损，对投资者的学习能力要求颇高，普通投资者慎入。

在币圈赚到钱是因为我运气好，碰巧遇到牛市，才赚到一些钱。对一些普通投资者来说，币圈就是一个没有硝烟的屠杀场，随时都有可能血本无归，请慎入。

2017 年投资收益情况表				
资产配置	金额（元）	投入方式	收益（元）	备注
备用金	23 000	招行朝朝盈	400	灵活快捷，就是收益很少
股票	100 000	茅台、云南白药	19 798	很幸运在 300 出头买了茅台，7 月份配了美股
基金	50 000	长信量化先锋混合 A 等	980	基金没有多少收益了
民间借贷	200 000	一次性投入朋友的公司	6 000	公司副总出问题，及时收回本金
P2P	60 000	微贷网，365 易贷	5 609	车贷龙头平台，比较安全
数字货币	100 000	比特币和 EOS	220 000	2017 年 6 月进开始投资数字货
合计	533 000		252 787	

2017 年是我的幸运年，这年我进入了币圈，并偶遇到牛市，赚到一些钱；其次是遇到不可控的风险时能及时撤资，保住了本金；最后是我调仓果断，定投的白银和基金几乎没有收益，我便清仓做其他投资。

总的来说，2017 年是我投资收获最大的一年，不但资金达到新高，还收获了更多投资实践中最宝贵的经验，这些是花钱都买不来的金融市场体验。

2017 年资产总结			
收入（元）		支出（元）	
年初余额	133 300	生活费	48 000
2017 年工资收入	16 000	女儿学费	21 000
2017 年奖金收入	10 000	贷款利息	25 300
理财收入	252 787		
合计	412 078	合计	94 300
2017 年结余金额			317 787

从 2015 年到 2017 年三年时间，我用三万元和一笔银行贷款，收获了 31 万元的现金，这是我从计划投资理财时根本无法想象的成果。

千里之行始于足下，从开始理财时的迷茫和无措，到现在这个不大不小的收获，我还是非常满意，理财于平凡的我们，就是实现无数可能的公平机会，就看你有无勇气和能力去尝试！

说直白点，理财就是普通人用自己的认知为未来买单，用有限的资金通过宝贵的时间机器，把我们的时间转化为财富，从而改变我们个体的命运。所以时间就是金钱，时间就是财富。

这几年的投资理财，让我迅速成长，眼睁睁看着钱由少变多，那种自豪感和自信妙不可言，理财已成为我生命中不可或缺的一部分。我有理由相信自己和女儿未来的生活会变得更美好。

喜欢理财的朋友们，可以先试着从每月定存开始，月初做个支出预算，天天记账，很快就能知道自己辛苦赚到的钱花哪里了，该不该花，慢慢养成理财的好习惯。

多看理财方面的书，我仍认为自己理财方面做得不够好，一直在不停学习和调整，想找到自己最熟悉的理财工具，慢慢积累本金，最后利用复利效果，达到自己的理财目标。

　　我到年底都要给明年的投资做个详细的规划，定一个可以通过努力去实现的理财收益目标。有了目标再仔细核算出每个月的金额，这样就可以按照目标去执行和纠错。

　　我笃定通过不懈努力学习，财富自由的梦想与我近在咫尺。

　　要想成功，最终只靠两件事：策略和坚持，而坚持本身就是重要的策略。坚持，其实就是重复；说到底就是时间的投入，大量时间的投入。任何工作和事情想做到出类拔萃、极致完美又何尝不需要反复练习与尝试呢？

人生逆转：
理财奋斗记

第 2 章

经济独立的你值得被人尊重

只要你养成在逆境中看到希望的习惯，希望会常驻你左右。只有你自己才能伸出双手找到幸福的目标，做出明智的选择，成为更优秀的人。

我在浙江认识一个女人阿珍，她因为钱而嫁给了一个比她大 10 岁的男人，那男人做箱包生意，非常有钱。刚开始他们夫妻很恩爱，男人在外挣钱，阿珍就在家当家庭主妇。没过几年，阿珍的老公就在外有了一个新欢。阿珍知道后与他大吵大闹，男人却放出狠话要离婚，阿珍却怎么也不肯离。这下他老公更加肆无忌惮，晚上经常不回家，回到家要么吵架，要么打她，年轻漂亮的阿珍，就像一朵昙花，幸福于她只有那么一瞬间，稍纵即逝。我想她是不敢离婚，因为她没有工作经验，只好将就着过这地狱般的生活。

那时我就觉得一个女人必须要有挣钱的能力，有了经济基础才有话语权。而且，还有很多 20 岁出头的姑娘，一个人在陌生的城市打拼，靠自己的能力赚钱，不论挣多少，我认为她们都活得非常体面而有尊严。像阿珍这样苟且地活着，尊严和人格都没有了……

我在浙江大街上见过 70 多岁的老奶奶，一个人坐在街边卖茶叶蛋，不管风吹雨打，都坚持自己赚钱。也常看到 60 多岁的老大爷，独自踩三轮车给人家拉货送货。每每看到这些情景，我的心都莫名地感动，对他们充满了深深的敬意。这么大年纪的老人都在自食其力地赚钱，我们这些年轻人，还有什么理由不好好努力赚钱呢？

特别是女人，千万不要有靠男人的想法，"靠山山倒，靠人人跑"，还是靠自己最好。我自己就是一个最好的例子，我和前夫在一起共同生活了 15 年，女儿小学毕业时，他离开了我们。在锥心的痛苦中，我不能方寸大乱，因为我要养活我的女儿。

相反，我很快投入到自己的工作中，勇敢地开始自己的新生活，工作外所有的时间，学习理财和写作。我要证明自己并不比别人差，没有男人一样过得怡然自得；还要给女儿做个好榜样，让她早些明白人生就是这样坎坷曲折，没有什么事物是永恒不变的，我们必须要靠自己。天无绝人之路，上帝给你关上了一扇门，却会给你留一扇窗。

其实，即使婚姻幸福的女人，也有可能单独面对现实人生。因为女性普遍比男性长寿 8 ～ 10 岁，老年后独自生活是常有的事。所以我们不要把自己的一生都押在一个男人身上，那样风险很大。俗话说婚姻不是你最大的财，就是你最大的债。一个经济独立的女人，才能在婚姻中拥有自己的话语权，在家人和孩子面前都抬得起头。如果没有经济的支撑，迟早会成为别人的负担与拖累，何来的尊严和幸福？

现在我对生活充满了自信，因为我有把握能让自己和女儿过得从容而宁静，根本不在意前夫的离去，相反，我还要感谢他，让我重新活了一次；甚至成就了更好的我。生活从来不曾亏待勤奋而努力的人。

所以，亲爱的读者们，你要像一无所有那样去赚钱，你要变得独立，更要获得财务上的独立，而不是去依靠别人。生命因你的独立而变得多姿多彩，你才能有机会实现自己的梦想，获得更多幸福和自由。

经济独立的你值得被人尊重！

2.1　你的财富梦想从记账开始

对于浪费的人，金钱是圆的；但对于节俭的人，金钱是扁平的，是可以一块块堆积起来的。

很小的时候，我就常看到我妈拿一个算盘，一个人在那拨弄着算珠记着家庭开支账。而我爸老是对我和我弟说："你妈很会理财。"那时我认为理财是件很简单的事，它既不需要我们有高收入，也花不了很多时间，只要你会加减乘除，认识阿拉伯数字，就能学会理财。

从我自己开始理财起，我发现，我妈其实也是个"小白"，她只是很仔细地记账，却从来没有把结余的钱拿去生钱，也就是不会用理财工具，家里从来都拿不出多余的钱。理财不仅仅是要会科学记账，还要让家里的资产逐步变得更多，过上自己想要的生活，最终达到财务自由。

但是，作为小白，迈出理财的第一步是很困难的，因为你根本不知道从何下手。我认为，理财的第一步，应该是从搞清自己的财务状况开始。换言之就是弄清楚自己每月的收入和支出，其实就是要落实到记账上面。只有清楚地知道自己每月收入多少，每月支出多少后，才能知道自己攒下了多少银子。

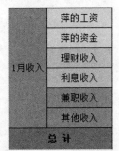

作者念伊伊的收入表

	萍的工资	
	萍的资金	
	理财收入	
1月收入	利息收入	
	兼职收入	
	其他收入	
	总　计	

第一步：算算你的收入是多少。

收入主要包括：薪水、奖金、兼职、理财收益，其他收入等。

因为我是单身，所以我们家的收入来源就只有我一个人，一般三口之家还应有另一半的收入。

第二步：再来看看你支出多少？

这一点估计大多数人都不清楚，每天都过得稀里糊涂，挣了不少，可到了月底却不知钱都到哪去了，总是存不下钱。为了不当月光族，甚至年底还在"吃土"，还是乖乖地从记账开始吧。

记账虽说是件小事，但是每天都坚持不懈地忠实记录每一笔钱的去处，还是要有一定的自律性才行。我自己就是通过坚持不懈地记账后，才得到了精准可靠的历史数据，更能准确做出每月预算。

念伊伊的 Timi 账单

以上是我用手机在 Timi 中记的收入和支出账。用手机 APP 来记账很方便及时，简洁明了，很适合记忆不好和常犯拖延症的人，也很适合理财小白记账用。

有了开支的原始数据后，再进行控制和纠错就容易很多。而且每年收入与开支的对比、结余率的对比、理财收益的增长率等，这些经过时间沉淀得到的数据才更有意义和精准。

所以，请一定要坚持记录财务情况，你才能清晰地看到财富积累的过程，更能看到理财能力的提升所带来的财富增长。那种自我把控和财富增长所带来的成就感，一定会让你自信心倍增，所有的坚持和付出都很值得。自从记账后，我简直成了"表格控"，每月不记浑身不自在，总感觉少了些什么。记账和理财已成为我生活的一部分，早已离不开它们了。

第三步：每个月能攒下多少钱？

正确的支出公式是这样的：

$$支出＝收入－储存$$

即当我们的工资到手后，首先请记得先存钱，余下的才是我们要花出去的钱。如果钱不够花，那就想办法开源，我想聪明的你一定能找到办法让自己有钱花。每个月攒下的钱才是我们的本金，本金多了以后，我们才能有机会利用各种理财工具，靠自己的智慧让本金生出更多的"钱子钱孙"。

如果只是记账，没有把本金利用理财工具使其增值，白白让时间和本金躺在银行里贬值，真有种万劫不复的罪恶感。你不理财，财不理你啊！

千金难买早知道。只有自己深刻认知到理财的重要性，从实践中慢慢转变自己的命运，一切皆不迟。

记账要达到这些目的：

1. 设定了预算就应该严格遵守

借用心理学的制约理论：①先设下某消费项目的心理警戒线，只要你消费的金额接近这条线，大脑自然就会发出信号让你产生警觉心，这个无意识的过程可能不到 1 秒；②利用这 1 秒，再次衡量是否是被动式消费；③消费警戒线需要培养习惯，如果你每天都有记账，大约一个星期内就能设定好，没有记账习惯大约需要一个月。

2. 潜意识自我控制

做了预算并且心里有消费警戒线，就要在花钱的时候小心许多，当看到心仪的物品时，千万不要急着刷卡或买单，一定要问问自己，真的是非常需要这个宝贝吗？为了在未来过得更美好，我是否可以过"断舍离"式的生活呢？生活简单而美好，无须为了物欲把自己弄得疲惫不堪，高品质的生活更让人品位提升，少而精才是生活的真谛。如果连自我控制都做不到，那还谈什么财富自由呢？

3. 狗狗制约论

心理学家巴甫洛夫曾做过一个实验，内容是每当他喂狗食物时就会同时摇铃，经过反复多次实验后，他发现狗狗只要一听到铃声就会开始舔嘴巴想吃东西。所以，记账不能只是记录，要揪出无法存钱的关键。如果你已经记账一段时间了，却还是没感受到自己理财有明显进展的话，就应该思考：我是不是进入到惯性阶段了？

我平时都是用手机记账，方便好用，月末再进行一下汇总。有了账本后，你就会发现如下这些问题。

（1）我怎么会在衣物或聚餐方面花这么多钱？这些钱花得值吗？

（2）我的理财收益怎么会这么少？

（3）我这个月攒了多少？下个月或下季度，我的每月的理财目标达到了吗？

（4）我可以多节余 8% 或 10% 用来投资理财吗？如果可以，我该用哪种理财工具？

（5）我的信用卡刷了吗？零钱是否也在理财而不是躺在银行里睡觉，

用银行的钱来理财了吗？

念伊伊支出汇总表

（单位：元）

2017 年支出总计				1 月			2 月		
日常支出		预算	已用去	节余额	预算	实际	节余额	预算	实际	节余额
衣	美容理发	1 200	117	1 083.00	100	32	68.00	100	85	15.00
	服饰鞋帽	2 400	274	2 126.00	200	238	-38.00	200	36	164.00
食	菜金	6 000	808.81	5 191.19	500	361.81	138.19	500	447	53.00
	外出就餐	2 400	352	2 048.00	200	168	32.00	200	184	16.00
	水果零食	1 200	115	1 085.00	100	81	19.00	100	34	66.00
住	房贷	26 400	4 188.7	22 211.30	2 200	2 166.7	33.30	2 200	2 022	178.00
	水费	480	60	420.00	40	31.5	8.50	40	28.5	11.50
	宽带＋手机	2 400	321	2 079.00	200	123.00	77.00	200	198.00	2.00
	电费	1 200	196	1 004.00	100	196.00	-96.00	100	0.00	100.00
	天然气	960	66.4	893.60	80	66.40	13.60	80	0.00	80.00
	物业	2 160	355.98	1 804.02	180	177.44	2.56	180	178.54	1.46
行	公交	1 200	150	1 050.00	100	100	0.00	100	50	50.00
	打车	600	80	520.00	50	13.00	37.00	50	67.00	-17.00
生活	生活用品	1 200	85	1 115.00	100	50	50.00	100	35	65.00
	公主费用	24 000	9 895	14 105.00	1 200	9 430.00	-8 230.00	1 200	465.00	735.00
	旅游支出	4 800	150	4 650.00	400	0	400.00	400	150	250.00
	家政服务	3 600	600	3 000.00	300	300.00	0.00	300	300.00	0.00
	书影费	3 600	206	3 394.00	300	128.00	172.00	300	78.00	222.00
人情	父母	2 400	500	1 900.00	200	300	-100.00	200	200	0.00
	送礼	3 600	500	3 100.00	300	300	0.00	300	200	100.00
	零花	2 400	1 188	1 212.00	200	1188	-988.00	200	0	200.00
合计		94 200	15 451	73 991	7 050	15 451	-8 401	7 050	4 758	2 292

如果你有这些想法和答案，那就说明你开始管理自己的钱了。就这样慢慢养成习惯后，你就会在意你的每一分钱，继而逐步接受"资产需要配置才能更有钱"的理念。

"世上没有丑女人,只有懒女人。"存钱和理财也一样,没有存不下的钱,只要坚持记账和加强理财方面的学习,假以时日,小白也会逆袭成理财达人。

试问,今天自己记账了吗? 为将来攒下多少钱了呢?

金钱是个好兵士,有了它就可以使人勇气百倍。——莎士比亚

2.2　你努力攒钱的样子好帅

某日,阳光明媚,春色怡人。我的心情却格外郁闷。原因是去招商银行取了一笔给女儿存的定期。那是我 2009 年 3 月份存的 3 年定期,本金只有 1 000 元,存了 8 年利息却只有 272.67 元,真是少得可怜。现在想想银行的利率低得还跑不过通胀,简直就是在亏钱。

如果当时我用其他理财工具,怎么也不会只有这点收益啊! 不懂理财真是吃了不少亏,现在总算是跳出了这个坑。以后真是要好好学习理财,努力让自己的钱生出更多的钱。真希望看书的你,学会理财,不要跳进各种坑。

央行发布的 2018 年 12 月金融统计数据,截止至 12 月底,我国个人存款余额为 72.16 万亿元,以全国人口总数 14 亿人计算,人均存款突破 5 万元。

其实我国居民消费价格指数（CPI）已经超过了大部分银行一年的存款利率，这说明我国正式开始进入负利率时代。从种种数据看来，中国人其实很"有钱"，即使在负利率时代，我们也拥有很高的储蓄率。

中国人均存款都达到了 5 万元，真是很强大，而你呢？是否也攒下这 5 万元了呢？如果没有，那就要好好努力了，争取早日攒下人生的第一个 5 万元。我们怎么才能在每月攒下收入的一部分，积累到自己的财富本金呢？还是要从基本的存储开始。

请注意，储蓄公式：收入 - 储蓄 = 支出，而非：收入 - 支出 = 储蓄

这里的储蓄是泛指，可根据自身情况及金额投资 P2P 网贷、定存、货基、国债、基金定投等。存钱也有很多方法，今天我就给大家介绍几个简单实用的存钱法。

1. 52 周存钱大法

首先给大家普及一下风靡全球的"52 周存钱大法"，金额不需要很多，只要巧妙地使用 10 元。

比如：

第 1 周存 10 元；

第 2 周存 20 元；

第 3 周存 30 元；

…………

第 52 周存 520 元。

以此类推，每次比上一次多存 10 元，一年 52 周。这样看起来好像没有多少钱，但是你仔细一算，一年下来也可以攒 13 780 元！是不是很神奇呢？只要你坚持不懈地攒钱，积少成多，聚沙成塔，看似不起眼的 10 元（也可以是其他金额）小钱，一年下来也是一笔不菲的积蓄。

			52 周攒钱挑战表					单位：元	
周	日期	存入	账户累计	完成	周	日期	存入	账户累计	完成
1	/	10	10	☐	27	/	270	3 780	☐
2	/	20	30	☐	28	/	280	4 060	☐
3	/	30	60	☐	29	/	290	4 350	☐
4	/	40	100	☐	30	/	300	4 650	☐
5	/	50	150	☐	31	/	310	4 960	☐
6	/	60	210	☐	32	/	320	5 280	☐
7	/	70	280	☐	33	/	330	5 610	☐
8	/	80	360	☐	34	/	340	5 950	☐
9	/	90	450	☐	35	/	350	6 300	☐
10	/	100	550	☐	36	/	360	6 660	☐
11	/	110	660	☐	37	/	370	7 030	☐
12	/	120	780	☐	38	/	380	7 410	☐
13	/	130	910	☐	39	/	390	7 800	☐
14	/	140	1 050	☐	40	/	400	8 200	☐
15	/	150	1 200	☐	41	/	410	8 610	☐
16	/	160	1 360	☐	42	/	420	9 030	☐
17	/	170	1 530	☐	43	/	430	9 460	☐
18	/	180	1 710	☐	44	/	440	9 900	☐
19	/	190	1 900	☐	45	/	450	10 350	☐
20	/	200	2 100	☐	46	/	460	10 810	☐
21	/	210	2 310	☐	47	/	470	11 280	☐
22	/	220	2 530	☐	48	/	480	11 760	☐
23	/	230	2 760	☐	49	/	490	12 250	☐
24	/	240	3 000	☐	50	/	500	12 750	☐
25	/	250	3 250	☐	51	/	510	13 260	☐
26	/	260	3 510	☐	52	/	520	13 780	☐

　　52 周存钱法贵在坚持，自己可以做一张表，尽量放在显眼处，完成一周打个钩，提醒自己需努力完成目标。

用 52 周攒钱法适合理财小白强制性存蓄，可以为自己攒钱找个理由或目标，比如当成旅游费用，或者是为自己买一个心仪的物品等，有了攒钱的确定目标，行动起来才会更有动力。

攒的钱存到哪里？

（1）货币基金（1 元起存，收益高于活期及 1～3 年定期，随存随取，适合累计金额较小阶段）。

（2）基金定投（天天基金里有 10 元起投的定投，根据自己的风险承受度挑债券基金或股票基金等）

（3）优质的 P2P 平台，钱多了以后就可以投 3 月、6 月标的，收益高出银行定存很多。

2. 金字塔递增型

把大额资金拆成几份，分别存入定期，博取高收益。同时，如果突然有大笔金额用钱的时候，优先对小份金额的定期标进行赎回或者债权转让。这样不会影响大额资金钱生钱的状态。

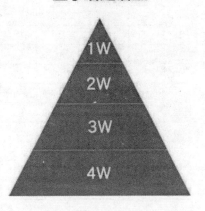

金字塔递增型

比如有 10 万元的资金，我们分成 1 万元、2 万元、3 万元和 4 万元 4 笔，分别做一年期定期存款。当有急需用钱时，我们可以先把 1 万元取出来，如果不够再取 2 万元，这样并不影响 3 万元和 4 万元的收益。银行的 1 年定期收益只有 1.5%，实在太低，建议投资 1 年期的 P2P 产品，比银行高很多。

3. 12 存单法

12存单法

1k 1k 1k 1k 1k 1k 1k 1k 1k 1k 1k 1k
1月 ————————————————→ 12月

———————————————————————————————

2k 2k 2k 2k 2k 2k 2k 2k 2k 2k 2k 2k
1月 ————————————————→ 12月

每个月将一笔钱固定购买 12 个周期的年标，坚持一年就有 12 笔，第 2 年第 1 个月是第 1 笔到期，下个月第 2 笔到期，如此循环。

每个月到期一笔，加上新存入的一笔，循环的金额会越来越大。这样可以得到比活期更高的利息，还可以每个月得到一笔钱，用来安排临时开销。

此外，还有 33 存单法，5 单存单法等，我觉得基本大同小异，没有特别出彩的地方。其实理财就是要找到最适合自己的方法，只有主动存储和学习相关知识才能更快走上理财之路。

还有，忘了告诉你，你努力攒钱的样子真的好帅！

2.3　巧用信用卡，且用且珍惜

信用卡由银行或信用卡公司依照用户的信用度与财力发给持卡人，而持卡人用信用卡消费时无须支付现金，待账单日时再进行还款。因为刷卡消费时不用支付现金，从而让消费者从心理上感觉不是在花钱，故让一些自控力差的人陷入误区，不小心成了"卡奴"；但也有聪明人，玩转 10

多张信用卡成为"卡神"。

信用卡，成了双刃剑，"卡奴"或"卡神"都太偏激，我们可以好好利用好信用卡，借助它理点小钱。近几年随着信用卡的普及，越来越多的人加入了使用信用卡的大军。很多人办卡是为了银行的免息期去的，花着银行的钱，让自己的钱在理财产品中赚钱，不是件特划算的事吗？如果你还没有自己的信用卡，请记得为自己申请至少一张，在享受信用卡便捷的同时，请珍惜自己的信用，记得按时还款，理性消费。

1. 信用卡名词

你知道自己的信用卡账单日是几号？还款日是几号？怎么刷卡可以享受最高的多少天免息期吗？下面给大家讲解一下信用卡相关名词。

（1）信用额度：信用卡额度是指发卡行为用户的信用卡核定的透支额度，用户可以在该额度内刷卡或提取现金。

（2）账单日：发卡银行在每月规定的日期对账户本月消费、取现、转账、利息、费用、还款等已入账的账务进行月结，该日期为月结日，凭月结数据向持卡人发出月结单，这个月结日就是账单日。

（3）到期还款日：账单要求在月结日后若干天内偿还银行垫付的全部或部分账款及有关利息和费用，还款期的最后一天即为到期还款日，也称最后还款日。

（4）免息期：对于消费交易，账单日前的一个月（最长为31个自然日）内的交易 + 账单日后至到期还款日前（一般20～30个自然日）的期间为免息还款期。每个银行的免息各有不同，有的51天，有的56天。在到期还款日前还清全部欠款，发卡银行对于持卡人的消费交易欠款免收透支利息，取现、转账交易不免息。超过到期还款日不能全部偿还账单所列款项，则不再免息，以记账日按实计息。

（5）最低还款额：为鼓励持卡人消费，银行允许持卡人部分偿还消费款项，即最低还款额。持卡人按最低还款额还款，不会影响持卡人信用记录，但不能再享受银行的免息期。因此，要慎重使用。

（6）滞纳金：发卡银行对于还款不足最低还款额的信用卡账户，不仅不再享有"免息期"，最低还款额未还部分还需要支付滞纳金，持卡人信用记录也会受到影响，持卡人要特别注意这一点。

滞纳金＝（最低还款额 – 还款金额）×5%

（7）超限费：持卡人透支用款超过信用额度，发卡银行以超过部分为基数收取超限费。凡透支超过信用额度的卡账，消费交易不再享受免息优惠。

超限额＝（透支金额 – 信用额度）×5%。

（8）溢缴款：溢缴款是指信用卡客户还款时多缴的资金或存放在信用卡账户内的资金。例：本期需还款 3 000 元，实际还款 3 800 元，那多存的 800 元就是溢缴款。溢缴款不计息，也不能从信用卡里取出来，信用卡取现金是以天计息，所以应尽量避免往信用卡里多存钱，也不要用信用卡取现金。

2. 信用卡使用

信用卡因为有透支功能，所以不是所有人都能申请到信用卡，银行也只发给其认为诚信和财务能力好的人使用。

一般银行对持卡人的要求有以下几点：

（1）年龄在 18 ～ 65 周岁之间；

（2）有稳定的职业和收入；

（3）有良好的信用和还款付息的能力；

（4）有完全民事行为能力的自然人（未成年、精神病人等除外）。

以上是银行最低的基本要求，由于各个银行的信用卡不同，因此对申请人的要求也各有不同。一般小额度的信用卡申请还是很容易通过的，想申请额度大的信用卡，现在也是比较难的。

信用卡的额度是持卡人最看中的，要想提额快速一些，平时消费时尽量多刷卡，最好每月产生总额度 30% 以上，坚持每月都有刷卡消费，连续 3 个月以上，打电话提额申请，不同客服有不同的处理，也可以以"不提额就销卡"的说法来试一试，哈哈！这些招都用上，肯定会很快助你一臂之力。

3. 信用卡还款

（1）银行网点还款：到银行柜台还款或 ATM 机还款最直接及时，也是最安全的。就是很费时费力。

（2）网银还款：持卡人登录网上银行（最好是同行）还款，不需跑银行也能及时还款。

（3）绑定银行卡自动还款：我自己用的是绑定自己的银行借记卡，到时只要记得在银行账户里存足够多的钱，银行会自动扣款。

（4）第三方支付平台还款：第三方平台比如支付宝、财付通、快钱、微信等方式。用支付宝给自己的信用卡还款是免费，给他人还款将收取还款金额单笔 0.2% 的服务费，最少 2 元 / 笔，最多 25 元 / 笔。并非所有银行都支持实时到账，建议最好提前 3 天还款。

（5）手机银行还款：开通手机银行，只要你的借记卡上有足够多的资金，可进行同行或跨行的信用卡还款。建议用招行的手机银行，灵活便捷，手续费全免，超级好用。

注意：银行会在过年过节时上调临时额度，但这个临时额度有效期仅为 20 天或 3 个月不等，有效期满后将自动恢复为调整前的信用额度。对于临时提高的额度部分，是不能办理分期还款业务，并且在一定时间内超过的额度需一次性全部还清，不然会产生滞纳金和利息。

4. 信用卡安全

信用卡被盗刷了怎么处理呢？我自己就经历过信用卡被盗刷的事件，那是在 7 年前，那天我在家突然收到短信，说我的信用卡消费 10 元美金，当我还在发愣时，又来一个短信说我的信用卡消费了 1 000 多元美金。

当时我就傻眼了，立即打了某行的信用卡热线电话，告诉银行自己被盗刷，要求信用卡中心马上把这卡挂失，银行的客服人员要我去当地的派出所报案，待查清了情况再和我联系。那时的我异常震惊，信用卡明明在自己手中，为什么会被人盗刷？一定是我的卡片信息不小心被泄密，除了立马去派出所报案，我只能在家等消息。

派出所做了记录。

后来，银行来电话告诉我，两笔消费都是网上购物所用，后面一个 1 000 多美元是买了国外的机票。天，这黑客也太疯狂了，利用银行漏洞随带"黑"了我一把。

我问客服："他不要密码也能支付？"

"是的，有的国外网站只要有卡号信息就可以支付。"

"请把我另一张信用卡美元功能关闭了，我暂时不会出国，也用不到美元。"

这件事最后是银行自行处理，我没有为此埋单，但给了我一个很深刻的教训，不要轻易把自己的卡片信息外露，就是最好的朋友也不要借。

当你的信用卡被盗刷时，请记得马上采取如下行动：

（1）打信用卡的客服电话，把情况经过说明白，挂失卡片；

（2）去当地派出所报案；

（3）到最近的 ATM 机上查询余额，这是证明卡片在你身上，而且也是你地理位置的最好证明。

（4）一定要设置复杂一点的密码，还要有签名。

其实银行在核实是盗刷后，都不会让持卡人来承担损失，所以也不要害怕，我用卡 20 来年，也只发生过一次盗刷事件。

5. 信用卡理财

利用好信用卡的免息期，我们可以让自己的钱去理财，虽然钱不多，时间也有限，但依然可以锻炼自己的理财能力，集腋成裘，小钱也能积少成多。我们要懂得理财是一种生活方式，我们只有在生活中不断磨炼，不断升级我们的思维方式和攒钱能力。

现在我们来看看，怎么刷卡最划算。如你信用卡的对账日是每月 10 号，还款日是每月 28 日。如果你在 9 号消费，那你必须在 28 日前就要把这笔钱还上，免息期是 20 天；但你 11 号消费，就可以在下个月 28 日之前还款，免息期就是 50 天。

我们就要算好时间，一些大件的东西在账单日刚过的几天里集中刷卡购买，自己的钱就好在短期理财产品，或者是 P2P 里理财。比如 5 万元，年利率 4.5% 的理财产品，35 天就有 215 元，而年利率 10% 的 P2P 理财产品，一个月收益是 416 元，多这几百块攒下来，一年也好几千了吧?

如果你的钱不多，只有几千元，对投资 P2P 产品也不放心，那你可以选择银行的货币基金，这类基金的波动较小，比较安全，你只需在还款日前几天记得赎回，按时还款就行，要避免资金流动性受阻。

也有的人利用信用卡套现去理财。但国家政策调整后，任何信用卡刷卡商户都要扣最少 0.6% 的手续费，也就是你刷 1 000 元，手续费是 6 元，商家只收到 994 元；1 万元是 60 元，商户实得 9 940 元。千万不要为了投资而刷卡套现，如果你的收益不高，甚至比手续费还少，那套现就没有任何意义。

还有很多女生，在各个商场打折时，会跟中了邪一般，也跟着疯狂扫货，各种买买买，这种不理智的消费行为，会给自己的正常生活带来很大的压力。银行的利息滚起来比你想象中要可怕许多，沦为卡奴真不是件好玩的事。

最后，提醒大家在使用信用卡后务必及时还款，珍惜自己的征信。信用卡多次逾期不还，会严重影响你的信用度，到时买房买车没有银行借给你钱，那时就追悔莫及。

巧用信用卡，且用且珍惜。

2.4 你会用这些简单粗暴的财富公式吗

大凡不亲手挣钱的人，往往不贪财；亲手赚钱的人才有一文想两文。

——柏拉图

估计大家都有去银行存钱或购买理财产品的经历吧？可是，你真的知道银行利息怎么计算吗？什么是年利率、月利率、日利率？它们之间如何换算？去银行存钱，角、分计算利息吗？什么是算头不算尾？现在给大家分享一下这方面的小知识，不然就算你买了理财产品，利息到底是多少，是怎么算出来的，大家心里一片茫然。

有了这些基本的公式，相信聪明的你一下子就能算出自己的收益有多少。首先什么是利率呢？利率是指借款、存入或借入金额（称为本金总额）中每个期间到期的利息金额。一般来说，利率根据计量的期限标准不同，表示方法有年利率、月利率、日利率3种。

年利率：年利率以百分比表示，如年息8厘写为8%，即每百元存款定期利息8元。

月利率：月利率以千分比表示，如月息6厘写为6‰，即1 000元存款一个月利息6元。

日利率：日利率以日为计息周期，按本金的万分之几表示。如日息1厘，即本金1元，每日利息1厘钱。

为方便计算，三种利率可以换算，其换算公式为：

$$年利率 \div 12 = 月利率$$

$$月利率 \div 30 = 日利率$$

$$年利率 \div 360 = 日利率$$

各种储蓄存款的存期一律按对年、对月、对日计算；不论大月、小月、平月或闰月，每月均按30天计算，全年按360天计算；不足一个月的零头天数，按实际天数计算。

计算存期采用算头不算尾的办法，即从存入的当天一直算到支取的前一天为止。利随本清，不计复利。除活期储蓄存款未清户按年度结息外，其余各种储蓄存款，不论存期多长，一律利随本清，不计复利。自动转存的存款，视同到期办理，利息可并入本金。

银行利息怎么算计息起点和尾数：计息起点和尾数处理的规定，计息起点为元位，元以下角分位不计利息。利息金额算至分位，分位以下四舍五入。凡需分段计息的，每段计算应先保留至厘位，各段利息相加得出利息总额，再将分位以下的厘位四舍五入。

计算利息的小公式是本金、存期、利率三要素的乘积：

$$利息 = 本金 \times 利率 \times 时间$$

如果用月利率计算：

$$利息 = 本金 \times 月利率 \times 月数$$

如用日利率计算：

$$利息 = 本金 \times 日利率 \times 存款天数$$

例 1：买入银行 10 万元年化利率 6% 一年的理财产品，那么一年后的利息能有多少呢？

$$利息 = 本金 \times 利率 \times 时间$$

即：

$$利息 = 100\ 000 \times 6\% \times 1 = 6\ 000（元）$$

例 2：某 P2P 上的年化利率是 11.2%，那么存入 2 万元 1 个月的利息是多少呢？

公式：

$$利息 = 本金 \times 月利率 \times 月数$$

即：

$$利息 = 20\ 000 \times 11.2\% \div 12 \times 1 = 186.67（元）$$

例 3：如用 150 万元买了招行的朝招金 8197，年化收益为 3.9%，8 号买入 13 号取出，那么这几天的利息有多少呢？

公式：

利息＝本金 × 日利率 × 存款天数

即：

利息 ＝ 1 500 000 × 3.9% ÷ 360 × 5 ＝ 812.5（元）

这里就要注意天息是算头不算尾，就应算成 5 天而不是 6 天。

我们有了一笔本金后就应该想想该怎么钱生钱，而利用复利就是最神奇的存钱法宝。复利，就是利滚利。注意，它不是投资产品，而是一种计息方式。直白说就是除本金外，每期的投资利息也加入到下一期的本金，再按照利率生息。

那么，复利又是怎么算的呢？

复利的计算公式：

$S = p (1 + i)^n$

公式中，p——现在手上的资金量；

i——投资回报率；

n——时间。

如果你把 1 万元投资 5 年，年化收益 10%，5 年后，你一共能拿回多少呢？

$10\,000\,(1+10\%)^5 = 16\,105.1$（元）

这里给大家介绍一个不费脑子，简单粗暴计算复利的方法：72 法则。

72 法则，如果以 1% 的复利来计息，经过 72 年以后，你的本金就会变成原来的 1 倍。公式为：

72 ÷ 年利率数值

可 72 法则怎么用呢？下面我就来介绍一下。

例 4：买某理财产品的年利率为 8%，根据 72 法则的算法，经过 72÷8=9，也就是说 9 年后你的本金就能翻 1 倍。

如年利率为 12% 的投资工具，则要 6 年左右翻倍，因为 72÷12=6。

如果你想 4 年后本金翻倍，那么你就需要找一款年利率为 18% 的投资项目，用这个公式对实现大家理财目标更加便捷，你只需去学习怎么找到理想中的投资品种即可。但请千万记得不要把利息用掉，一定要再次投入去钱生钱，我想大家如果每个月都有一笔投资加利息回款，一定会更加喜欢攒钱的呢！

现在 P2P 理财产品中有等额本息回款产品，每个月会定期返还一笔相同额度的本息回款，方便灵活，收益也不错。这种回款方式年利率更高，可以本息回款后进行复投，从而可以让我们得到更高的收益。还有流动性更强，非常适合对资金流动性要求高的人们。

碎碎念这么多，总的一句话就是想方设法攒钱、攒钱、攒钱！有钱了就会有很多方式进行理财，让钱再生出更多"钱子钱孙"！用自己的智慧赚到更多的钱，美妙的成就感爆表，有钱让人更加自信！

金钱好比肥料，如不撒入田中，本身并无用处。

——培根

2.5　没做好这些准备你敢辞职吗

昨天和我闺蜜小颖聊天，她又在吐槽那个抠门儿的老板，老是让她加班却没有加班费，其他补贴也少得可怜，同事之间钩心斗角，她在那工作很不开心。

　　我就问她存钱了没有？她皱着眉头苦着脸说："工资这么低，还要养小孩儿，哪里还能有多少存款啊！家里还有车贷，我和我老公两个人的工资，也就刚好差不多用完。"

　　"那你们一个月有多少收入啊？不管怎样也要存点钱吧！"

　　"一个月也只有 12 000 左右，我们生活费 6 000 多，车贷 2 000 多，小孩儿花 2 000 多，有时还有人情费这些，反正一个月下来也不知钱都花哪了，几乎没什么结余。"

　　"你们的生活费用有点高了，你应该每月至少先存个 3 000 元，其他的才用来花销。最好记个账，不存钱你永远都过得稀里糊涂的。"

　　"我就是因为没有多少存款，才不敢辞职啊，虽然那个老板那么讨厌，我也一直敢怒不敢言。如果我辞职不干，没有我的收入，光靠我老公的工资养家，根本就不够我们花。"小颖一脸愁容说道。

　　"那你现在改变一下吧！首先是存钱，手里有钱了，你才敢炒老板的鱿鱼。还有，你有想过下次找什么样的公司，什么样的职位？"

　　小颖一脸茫然地说："我还是做行政吧，其实也想试试别的，还没有想好。"

　　"那你就现在开始规划一下，你想要什么职位，进什么样的公司，断档期的经济安排等等？"

　　小颖端起杯子喝了口茶，若有所思地点了点头。窗外有风徐徐吹来，一缕缕二月的暖阳喜洋洋地挤进茶屋，天气真好。

　　关于工作和钱这些事，我们都该好好思考一下，如果我们要准备辞职，应该先要做哪些准备？

1. 不要指望工资太高

不管到哪家公司，首先不要指望高薪。你要明白，老板开公司就是为了赚钱。赚钱的主要原理就是：要利用别人的时间和别人的钱。你出售的是自己宝贵的时间，而正是因为你的时间对他来说很便宜，他才会购买。所以不要指望老板会给你很高的工资，毕竟他就是利用 N 个员工的时间创造的价值来赚钱。

如果你不能给老板创造更多的价值，你就要准备有随时被炒的可能。天下没有免费的午餐，老板不会养一个闲人，每个人在老板心里都有一个价格。而大部分人为了一份解决温饱的收入，也没有太在意这份工作是否适合自己，即使工作不是自己喜欢的，也只能待在那，因为我们害怕没有钱，没有这份收入就养活不了自己和家人。

2. 想要得到高工资必须有真本事

如果你没有特别突出的本事，走到哪个公司都没有出头的日子。还是要想清楚自己的能力，不要低估但也不能高估自己。其实想要老板另眼相看，你只有一个办法，不要怕吃苦受累，拼命学习不懂的知识，提高自己的职业竞争力。如果公司每个岗位的事你都能做，我相信只要老板不蠢，他总归会重用你。实在不行，咱学到真本事，还怕没有识货的人吗？此处不留人，自有留人处。

3. 准备足够多的备用金

在你想炒掉老板时，一定要准备足够的生活备用金，以至于不会在辞职后让自己的生活陷入困境，要做到谋定而后动。如果维持你现有的生活质量不变，至少要存有 6 个月左右的生活备用金。比如一个月固定消费3 000 元，那么 6 个月就要存足 1.8 万元。

找工作也要一些费用，估算为 1 万元左右吧，再加一些 1 万元意外事件，比如生病、搬家等费用预算 1 万元。这样简单算下来，半年的待业至少需要 4 万元的存款备用金。哇，这么一算，那些不存钱的月光族，还真是不敢轻易辞职，没钱哪来的胆量及勇气呢？

更可怕的是，根本没想要辞职，公司却意外倒闭或被炒了，那就真是欲哭无泪。工作，只能提供我们温饱，并不能让我们变得富足，更不可能让我们实现财务上的自由。要想得到更多的财富，只有在工作之外建立自己的"管道"。

要想财务自由，就要建立自己的"管道"。

在这里再给大家分享一个"管道"的故事。

很久以前，有两个年轻人，一个叫柏波罗，一个叫布鲁诺，他们得到一个把河里的水运到蓄水池的工作。第一天他们都用桶提水到蓄水池，虽然得到了薪水，却累得腰酸背痛，手也破了皮。第二天，聪明的柏波罗想到修一个管道，将水从河里引到村里去，却没有得到同伴的支持。于是，他决定一个人去实现自己的计划。

刚开始，提水的布鲁诺和村民都嘲笑柏波罗，但柏波罗却在异常辛苦地挖管道工作中坚持了下去，并最终他建成了自己的管道，获得的回报大大超出他的付出。

问问自己，我们在建自己的"管道"了吗？其实我们的工作就是在"提桶"，等于用自己的时间换金钱。

如果你不能付出时间，会怎么样？如果被老板炒了，会有怎样的后果？如果你生病不能工作，无法再"提桶"，你会怎么办？如果你没有收入了，你还能维持家里的开支吗？

你的房子贷款？车子贷款？这些怎么支付？

如果你把所有的赌注押在提桶上（工作），谁保证可以提供你终生的收入？

你的保障在哪里？如果你只选择工作，你就必须每天去上班、去干活，这样才有报酬。一旦你停止了工作，你的收入也就停止了。

建立长期"管道"！

如何建立起自己的长期管道呢？首先，我们要像富人那样以金钱为杠杆"先支付给自己"，每个月固定地将钱存入投资账户，然后让钱产生复利。聪明的你，可以通过投资组合，如房地产、国债、股票、基金、养老保险等建立起长期"管道"。任何一个有足够判断力和自律性的人都可以建造自己的"管道"。

赚很多钱并不等于财务自由，只有建立起自己的管道，你的财务才有保障，才有底气炒了老板，才有自己的话语权，更有选择生活的权利。故我们应在年少时吃苦受累一段时间，努力建立起属于自己的管道。要知道生活中很多高质量都需要金钱埋单，我们所追求的很多梦想也是需要金钱来支付。

梦想再美好，但没有金钱的支撑，梦想就会变成可笑的幻想。我们都该早些建立起自己的管道，财务自由了才有生活的自由！最后，你是要做一个提桶的人，还是做一个建立自己的管道的人，都是自己的选择。但要知道，一个人用几年的辛苦，很有可能换来未来十几年甚至几十年的幸福生活，孰轻孰重，想想自然明白。

我在努力用大桶提水，也在辛苦建立自己的"管道"，那么你呢？

2.6 升职加薪是最好的开源

前两天我的一位朋友邀我喝茶，聊天时说到她工作的问题，说她的工资收入本来就很低，老板居然还连着两个月没有发工资，她准备在年前拿到工资就辞职，让我帮忙看看有无适合她的工作。

其实我这个朋友人很能干，工作能力也很强，只是她这个工作也是朋友介绍的，也没好意思提出太高要求。

看到她郁闷的样子，我也只能安慰一下她，只能怪她运气不好。现在小公司经营生存起来也不易。

所以，当我们有稳定的工作，拿着不菲的收入时，也要为自己的将来做好打算。如果不理财，手上没有存款，万一哪天轮到自己没有工作了，我们该如何安然渡过这段空档期呢？我觉得普通白领理财开源应包括两方面：其一是在通过努力工作获得职位上的晋升而提高自己的收入；其二是在工作外以自己的特长做兼职或自己创业。

目前在北京、上海、广州等大城市，白领做兼职是一件寻常事。兼职职位有高有低，根据自身的能力而定。机会都是靠自己寻觅到的，如果你够拼，一定会找到适合自己的兼职。当然，对于普通白领，我们更应该努力做好自己的本职工作，不论自己做什么岗位的工作，都力争做到最好，只要不是太小气的老板，给你升职加薪都是迟早的事情。

记得两年前，我刚进公司那会儿工资也只有可怜的 2 000 元，我只是最寻常不过的内勤人员，跑银行、跑工商局等这些繁杂琐事都归我。再苦再累我都咬牙挺过来了，平常除了把自己的工作完成后，我还常常帮同事工作，执行力从来都很强。或许是我的乐于助人得到了同事的认可，很快就融入了新的工作环境里，与同事们相处得很融洽。

3 个月后我就转正加薪到 2 500 元，慢慢地老总也给我换了岗位，专门做公司内部事务，成了不用再往外跑的内务后勤职员。我从进公司就默默无闻地学习，学各种不会的事物，给自己一个快速成长的机会，表面上看似吃了亏，其实是暗地里给了自己无限次被认可的机会。

半年后我顺利完成了老板安排的装修工作，整个人累得像散架一般，瘦了 10 来斤。我所有的辛苦和付出都显而易见，通过装修事件得到了老板认可，不但工资水涨船高，还意外得到了晋升。

所以，那些问我怎么才能得到升职加薪的同学，其实你们只需努力做事，然后自己总结一下工作中遇到的各种问题，以后遇到了类似问题就好及时解决。有能力又有执行力，做事认真努力不拖延，能搞定工作中的所有问题，还怕老板不给你加薪吗？

最后，我们要格外注意，工资虽说是老板给我们的，其实是我们自己挣来的，你如果能比别人多做更多事，多学更多知识，相当于一份时间赚了两份工资，一份是老板给的，一份是隐形的提升自我啊！所以，不要抱怨自己干得多。

而是要感谢这份工作让你学到了这么多知识，让你在工作中迅猛地成长和精进了许多，即便是遇到小气的老板，不肯给我们加工资，但是我们也已学到了不少真本事，这可是属于我们自己的。

总体来说，对那些刚从学校出来的同学，前面几年都要吃苦耐劳地努力工作，多学工作中能学到的所有技能，这时的你工资很低，除去生活费用，根本没钱来理财。所以努力工作，升值加薪就是最好的开源。

　　不论任何时候我们都不应该低估自己，要不断学习更新提升自我。只有通过学习，拓展我们的眼界，从各个维度思考和解决问题，我们才能拥有更广阔的天空，更大的舞台。

人生逆转：
理财奋斗记

你家是财神爷喜欢的样子吗

3.1 在家带孩子，一样可以赚钱养家

努力工作，聪明理财，存钱更要存经验。

当我们有了自己的小家，家里又多了一个嗷嗷待哺的宝宝后，家庭的主要经济来源都要靠男人的收入，那我们如何利用在家带宝宝的时间，靠自己的智慧也能挣点钱，让日子过得更从容些呢？很多年轻女人都因生下宝宝，宝宝太小需要自己在家照顾，所以带孩子那几年就辞掉了工作，成为了家庭主妇。其实在家带孩子，一样可以赚钱养家。

我认识一位 27 岁的年轻妈妈小凤，她也是因为生宝宝而离开了职场。小凤家是普通家庭，夫妻俩和公婆住一起，仅靠丈夫一人的工资养五口人颇为吃力，小凤的女儿才几个月，也离不开她的照顾。现在养孩子的费用也确实不低，小凤的老公除了本职工作外，晚上还要出去兼职，两份工资才勉强够他们全家人的生活，日子过得捉襟见肘。

不过好在小凤为人随和又聪明，邻居家因为工作忙，就托小凤每天辅导她家小孩儿写作业，也就是下午 4 ～ 6 点每天 2 个小时，邻居回到家就接走孩子，一个月下来邻居付她 400 元辛苦费。小凤给小孩辅导作业极有耐心，且小孩儿成绩明显有所提高。几个月后，邻居家非常满意，又介绍两家小孩儿让小凤一起辅导，这样下来小凤每月就多了 1 200 元收入，这 1 200 元当补贴他们家的生活费也是极好呢。

以前我自己也是如此，女儿两岁时被我带到浙江，因为孩子太小我必须在家照顾她，所以我压根就没办法去上班，只好在家照顾年幼的女儿和老公。哦，错了，应该是前夫。除了花时间照顾女儿，我的空余时间用到了研究网店上，我刚开始试着在易趣上卖化妆品，那时候易趣上架产品还

要收费，后来有了淘宝和拍拍网，我都尝试着在上面开网店，卖书、卖化妆品等。

从最初的无人问津，到后来坚持下去的红火，我也做到了既带了小孩，又赚到了自由职业的第一桶金。其实只要肯动脑，在家带孩子一样可以赚钱养家，这也算是自己一次较为自豪的经历。男人在外挣钱养家也很累，如果我们女人协助男人管好家，主动做好家庭的财务计划，把未来的一切安排得井然有序，男人才会更加放心地在外打拼，这样的日子才会越过越好。

更重要的是，我们所做的一切都潜移默化地给了自己的孩子，等孩子长大后就可以根据自己的经验教孩子某方面的知识，这些宝贵的经验是花钱也买不到的。上中学起，我就开始教女儿煮饭、煮饺子、煮面条等，从简单的主食，慢慢教会她择菜、切菜、配菜，直到会炒一些家常菜。

上初二时，我给女儿说："我把一周的生活费交给你，由你来安排打理我们的早晚餐，同时为了奖励我家公主的付出，我会每周给50元零花钱，看宝贝愿意否？"

没想到女儿想都没想就高兴地答应下来。这样，每到寒假或暑假，我不但不用再为三餐发愁，而且还可以吃到宝贝女儿亲手做的饭菜，心里美得冒泡，心情好到爆。

我在理财方面体会比较深，也怕女儿长大了会吃同样的亏。所以在女儿上中学开始，我就慢慢地在教她怎么花钱。刚开始给她生活费，结果3天后她告诉我钱就花完了，我问她都花在哪里？她也说不出来更不清楚如何钱就没了，更别提把购物小票保存下来。我就简单地和她说，用钱要有计划，比如我给她 150 元 5 天生活费，基本上每天就只有 30 元，如果今天多花了，明天就少花一些，不然后面几天我们就没钱吃饭了。

叮嘱她把购物小票保留起来，还把我平时做的 Excel 记账表格给她看，让她照着我记过的格式自己每天都记账。慢慢地，女儿就不会再把钱花光，用了多少，还有多少，她自己心里也很清楚。为了让自己和自己深爱的家人过得幸福，我们也应该好好管理自己的辛苦钱，只有学会理财才会过得更好，才有足够多的知识和经验传授给自己的孩子。

聪明女人，在家带孩子也能智慧地找到隐藏的机会，一样可以赚钱养家，理财、生活两不误。

3.2　保单在手，生活无忧

任何一个不考虑健康和意外的理财计划都是不完美的。——李嘉诚

那天，简书上一位女孩问我，"姐姐你买保险了吗？" 我看到后心里暖暖的，一是为了有人想到自己，二是为那位姑娘高兴，这么年轻就有理财意识，超赞！

为什么我要买保险呢？因为我是母亲，我有责任把女儿养大，万一哪天我不幸发生意外，我女儿怎么办？她能安然自如长大吗？只要一想到这些可怕的情景，我就格外焦虑，夜不能寐。买了保险后，我的心总算是平静下来，可以安然睡到天亮了。

或许是因为处女座的原因，我对很多事都尽力做到最好，精心计划着过日子，总是想办法把一切事情都打理得妥妥当当后，心里才舒坦，不然我会一直纠结烦恼。

特别是在我离婚后，情况更糟，我天天生活在没钱和对未来的深度焦虑中，挫败、迷茫、忧伤、恐惧等各种情绪，折磨得我整夜失眠，巨大的压力令我诚惶诚恐。在吃饭都成问题的情况下，我还是咬牙为自己买了人寿保险。

世事无常，还是不要有丝毫侥幸心情，我要的是平平安安生活着，稳稳妥妥把女儿养大。关于保险，我认为每个人都应该买人寿保险和重大疾病保险；其次是住院医疗险，但只有在资金比较宽裕的情况下才考虑买住院医疗险；最后是意外伤害保险。

就拿我的平安寿险来说，我每年交 4 600 元左右，交 10 年可以保终身，出现以下任何情况都有赔付，如有 10 万元人生意外死亡保险，8 万元重大急病保障，6 万元意外伤残，1 万元意外医疗等。

写到这里，我想起我家表哥。他比我大 4 岁，在 2013 年就去世了，当年只有 40 出头。可怜留下那只有 8 岁的女儿，表哥走时眼睛都没闭上，应该是割舍不下年幼的孩子。试想，失去父亲这座大山，孩子未来的日子艰辛可想而知。还有那白发苍苍的双亲，真是哭干了眼泪也留不住儿子的生命。

表哥老实忠厚，工作也踏实勤奋。只是命运捉弄，发病前的某天他突然肚子疼，当时家人也没太在意，过了几天疼得厉害，才匆匆去了医院。结果被查出患了肝癌，而且是晚期。表哥家庭条件普通，据说从得知自己生病后，他整个人的精神状态就溃不成军。

家里根本交不起昂贵的治疗费，不到一个月表哥就去世了，留下了年老的双亲和可怜的女儿。如果他买了以上这款寿险，那么他的爱人会拿到多少赔款？有 10 万元的意外死亡加上 8 万元重大急病，至少有 18 万元。虽说不多，可如果只交了两年三年，花了不到 2 万元就能得到这些赔偿，我认为还是划算的。

其实我当时买保险也是因为这件事，表哥的去世，丈夫的遗弃，对我触动很大，让我更加没有安全感，不买份保险，我真是天天睡不着觉。一想到万一哪天我出了意外，我的女儿该怎么生活？没有了我的庇护，没有钱，谁来拯救我的女儿？

买保险，就是给自己买了份稳妥的未来。可是我们该花多少钱买保险呢？我觉得还是可以引用保险的"双十"原则来计算寿险保额。所谓"双十"原则是，家庭寿险的合额度应该是家庭年开支的 10 倍，保费支出的恰当比例应为家庭年收入的 10%。

很多精明的有钱人，都会为自己和家人买各种保险，既避免失去自己的财富，又可以确保未来的收入，何乐而不为呢？买保险不只是富人的事，穷人更应该买。当不幸来临时，没钱又没保险真是想想都后怕……

当然，如果我们是对自己的未来都想掌控的精明人，那么给自己买保险是一件特别棒的事。古人云："人无远虑，必有近忧。"我现在过的日子就是三年前付出而得，现在多努力多付出，以后的日子总是会更美好！其实我现在都嫌自己的保额太低，还在考虑再买一份什么险补充一下，让自己的心更加安然和从容一些，也是多给心爱的女儿一份无言的爱吧！

还好我父母的工资较高，我仅过年节给他们一些钱，没有再过多照顾她们，把心思都用在抚养女儿身上。我每年也给女儿在学校买保险，还在想等她过生日时再为她买份保险。如果你是单身一族，买保险主要考虑父母的赡养费，可以估算一下，每年要孝敬父母多少钱，打算赡养父母多少年。如果每年孝敬父母 1 万元，父母现年 60 岁，打算赡养父母 20 年到 80 岁，大致就需要 20 万元的寿险保额。

当然，以上都还只是简单的估算，并没有考虑到通货膨胀的因素，如果你想非常清楚地计算出自己到底需要买多少保险，可以找专业的理财规划师来协助你完成。如是一个三口之家，更应该持有保险。不管怎样，买保险在我看来是多多益善。总结有以下几点好处：

（1）人在突然生病时，用保险来归避风险；

（2）因受伤无法工作时，保险可提供固定的家庭收入；

（3）在自己年老体弱时能保持经济独立和个人自尊；

（4）可以在意外来临时，给自己心爱的家人有一份生存保障。

保险，能为你的家庭和财富保驾护航！

保单在手，生活无忧！

3.3　你为自己的消费做过预算吗

现在每到年底时，我都会提前做好下一年的预算，你呢？会给自己的小家提前做好年度预算吗？

如果你是第一次做预算，那考虑的内容很多，比如衣食住行、生活花销等，做出来的准确性就要差一些。因为我有记账的习惯，每个月的开支消费一目了然，预算表很快就能做完。不做不知道，做出来还真吓了一跳，根据自己的最低消费算来一年也有 7 万多元。

主要是我那宝贝女儿的费用太高，我自己则能省就省。预算做出来就知道明年要花多少钱，为了能多攒钱，理财和开源就显得更加重要。我把预算分成三部分：即固定开支、弹性开支和专用开支。

固定开支是每月到时必须支出的费用，如物管费、房贷、孩子的学费等。

弹性开支一般都是生活所需的各种开支，弹性开支可多可少，是属于灵活可控的费用，如服装费、水电气、手机费、人情往来等费用。

专用开支是自己想花费的大件费用，比如家庭的保险费、旅游费和家电或置备电脑等费用。挣钱是为了更好地生活，"诗和远方"也是我努力奋斗的奖励，每年旅游一次必不可少。还有就是学习提升的费用我也加了进去，学习使人进步，这个钱该花。下图是我做的2019年预算表，每一项都是必须要消费出去的，要花出去这么多钱，看了都心疼。

念伊伊2017年度预算表			
项目			
固定开支	金额（元）	期数	小计
物管费	180	12	2160
家政服务	300	12	3600
公主学费	7500	2	15000
自我提升	300	12	3600
小计			24360
弹性开支			
服装费	400	12	4800
水电气费	200	12	2400
电话费	200	12	2400
交通费	100	12	1200
菜金	1000	12	12000
公主生活费	1200	12	14400
其它人情费	150	12	1800
小计			39000
专项开支			
保险	370	12	4440
旅游	500	12	6000
小计			10440
总计			73800

　　为了更好地管理好收支及投资性资产，我又做了每月家庭财产梳理表，以便每月梳理总结收入支出以及存了多少钱，投资性资产表现如何，是否需要调整等，有了这张表即可方便管理好自己的每一分钱。

　　古人云："知己知彼，百战百胜。"我们只有提前做好了计划，日子才能过得一清二楚。做这些表也不难，可有多少人能按计划坚持执行下去呢？其实这些数据一出来，我自己心里就直打鼓，那些从不计划、收入很高的小伙伴们，估计很少知道钱花在哪，怎么一不小心就没了呢？那是没有计划、很任性地在过日子。

念伊伊家庭财务阶段收支梳理表

家庭财务阶段性梳理表			
2017年1月份			
收入分析		支出分析	
预算		预算	
实际收入		实际支出	
总结		总结	
攒钱分析		资产配置调整	
攒钱目标		现有资产	
实际攒钱金额			
总结		经验总结	
其他投资和经验		调整计划	
股票		1	
基金		2	
P2P		3	
黄金		4	
备注：			

　　我相信如果你也做做这些预算和每月记账，也一定会慢慢爱上攒钱和理财的。理财对于我们的生活太重要，当你的钱越攒越多时，你就会变得更自信！

　　记得 2003 年，我当时买房子，我叫我弟和我一起去看楼盘，他却不屑地说："我如果有钱，肯定不买房子，我绝对是把钱拿去投资做生意。"我当时愣住了，心想居然还有人不喜欢房子。我可是做梦都想有一套真正属于自己的房子呢！

　　为了尽快买到自己的房子，我们省吃简用地攒钱，当手上有了几万元后迫不及待首付了一套。没有自己的房子就像是浮萍，就那样漂泊着，客居他乡的那些日子满是心酸，每年都搬家的日子总算是熬出了头。

　　十多年过去了，我弟还是身无分文，别说房子，至今存款都没有。我自认只有踏踏实实做人，勤勤恳恳做事，并且笃信只要努力精进，日子一定会美好起来。

　　就像是自己做了预算表和每月财务梳理表，既然花了时间做出了计划安排，肯定会照着计划表去执行和调整。这样不断地学习优化，成长得虽然慢一点，方向正确就可以。不论是学习和理财都要有耐心，如果想两三个月见效那是不现实的。我深知这一点，所以一点不着急，只需按计划落实在每一个寻常的日子里，就很好。

　　成功只是一个目标，自身的成长才最重要。希望在以后的路上，我希望能和所有关心我的朋友们一共进步，共同成长，不负韶华。2019 年除了理财计划外，我还想找寻到更好的自己！梦想很美好，且遥远，万一不小心实现了呢？

　　成功学大师拿破仑·希尔说："没有目标，不可能发生任何事情，也不可能采取任何步骤。"如果你从心底里"坚定"地认为你可以办到一件事情的话，那你就会办到它！

3.4　你对她财务不忠吗

事实上，扼杀婚姻的不是贫穷，也不是匮乏，而是不良的沟通和误解，特别是涉及金钱关系的时候。

当你们攒的旅游费被对方拿去购物时；当你的配偶父母生病，他背着你取了很多家里的积蓄，却没有告诉你时；当你想要用家里的钱买心仪的房子，却发现钱被对方全部用去做生意时……

你一定特抓狂吧？现实中，真的有很多夫妻为生活中这些事吵架甚至离婚。在中国，离婚率年年创新高，北上广深离婚率全国最高，离婚者占比最高是"70后"和"80后"。现实生活中，因为经济问题造成婚姻失败的也很多。

每个人因为环境和受教育程度的不同，对钱的认知也各不相同，继而形成了固有的金钱人格。不同的人有不同的金钱人格，差异化影响人与人之间的关系，而金钱关系对夫妻关系的危害是巨大的。

1. 金钱人格的种类和特点

人类大致可以分五种金钱人格，对待金钱问题的特征如下：

省钱王：能省则省，极其节约。

消费狂：不管有钱没钱，就是买！买！买！

冒险家：追求消费或投资的刺激。

求稳者：肯花钱，前提是要万无一失。

随性者：花不花钱全凭感觉。

一个人的金钱人格可能不止一种，而是两种甚至三种的排列组合。金钱人格是非常个性化的，不论是谁，如果攻击了自己的金钱人格，都会很受伤，所以金钱问题比其他问题更容易引发争吵，也会破坏夫妻感情。

2. 财务不忠

我有一个同学靖，她在政府机关里工作，有一份让人羡慕的稳定收入。刚开始我还以为她的婚姻很美满，结果却没料到她过得并不开心，因为有孩子，她说为了孩子凑合着过。她与老公的关系很冷淡，两人见面没几句就开始对掐，在我眼里他们的婚姻犹如鸡肋——食之无味，弃之可惜。他们的婚姻之所以不幸，说白了就是因为金钱关系。

她老公从来不交钱给她管理，两人 10 多年来都是各花各的，男方管家用，靖主要负责孩子的费用。我在想，那要是买家具、电器这些，又该怎么办？虽然我心里很疑惑，也不好当面问人家这么尴尬的事。

夫妻或情侣间会出现金钱问题，往往不是因为如何花钱，而是在花钱的时候是否违反了彼此之间的约定——财务忠诚。如果不了解金钱人格，不从这个层面入手处理生活中的金钱问题，就会因为一些不良习惯，陷入财务不忠。

容易引发财务不忠的几种不良习惯：

（1）财务分离，夫妻双方各自设账户。本来存钱是好事，但这些账户是否公开，如果没向对方公开，就容易让对方有被欺骗的感觉。

（2）过度消费和债务。如果"消费狂"和"冒险家"不能抑制自己金钱人格中的冲动天性，过度消费，这时一方可能会开始撒谎、隐瞒，甚至借钱填坑，不停用一个错误掩盖另一个错误，形成恶性循环。

（3）过度控制。如果婚姻中一方牢牢掌握着所有的钱，另外一方很可能会出现财务不忠。

（4）缺乏计划，或对财务计划不认真实施。这会让"求稳者"焦虑、抱怨，产生矛盾。

（5）金钱秘密。一方背着另一方攒钱。

3. 解决夫妻间金钱问题的办法

当夫妻间出现金钱方面的问题时，一定要及时与对方沟通，把涉及金钱问题的多种问题，都要当面讲清楚。可以用一张纸记录一下，什么是让你们在金钱方面让彼此满意的，这些都会给整个家庭带来希望和满足感；哪些方面又是让你们发生争吵的原因，让对方对婚姻产生了焦虑和失望。好与不好对比一下，金钱关系很快就会梳理出来。

当然，在谈论金钱问题的时候应尽量控制自己不愉快的情绪，不要说出让对方难堪和伤害双方感情的话。要知道在情绪失控时说出来的话杀伤力很大，而且这种指责并不会带来任何好处。比如："我们存的购车款都快被你花光了，真是个败家子！"在沟通的时候，主要内容可以围绕三个方面进行：评价、需要和梦想。

评价，也就是沟通目前你们的财务状况，需要双方心平气和地交流，这是避免财务不忠的前提。"小金库"什么的最好不要隐藏着，一旦被发现了后果很严重。

需要，就是要双方坦诚说出，在金钱关系中需要"得到什么"，坦诚说出自己的需要，让配偶看到你是多么信任他，这对增加夫妻感情有很大的帮助。

梦想，每对夫妻都应该有自己的梦想和计划，这需要双方共同努力和按计划来实施。不论是出国旅行还是再买一套房子，都是夫妻共同的梦想，一起攒钱和为家庭计划出谋划策都会使夫妻感情不断得到增进。

做好以上几点，你就有望让你们糟糕的金钱关系就此结束，生活立马变得幸福满满。

记住，财务不忠是夫妻或情侣关系的隐形杀手！

3.5　年终奖该怎么花

活在未来才可能遇见财富。

"伊伊，过年和我一块去三亚玩吗？"

"云南不错，和我们一起去那过年吧？"

"你这么省干嘛，年终奖就是过年拿来花的啊！"

……

公司刚发了年终奖。这几天，几乎每天都有人问我过年去哪玩，我却笑笑说就在家看书，陪女儿学习。好不容易休息几天，当然要好好陪陪女儿，推掉了各种邀请。其实我认为过年过节到外地旅游是受罪。人挤人且服务差，真是花钱买罪受。

不管何时旅游，我都会挑淡季出行，花钱省，游客少服务也相对好一些，何乐而不为呢。反正年假攒起来在那放着，不担心没空出行。虽说公司是发了年终奖，是一笔几千元的意外收入，可我心里异常平静，这笔意外的年终奖，我也不准备随意胡乱花掉，当然会攒起来给女儿当教育金用。

那些没啥钱也要出去任性乱花费的人，我想节后他们又该回来过"吃土"的日子。有时看见那些任意乱花钱的朋友，我真是替他们的未来担忧，一个生活没有规划的人，怎么也过不上自己想要的人生。然而，能控制住自己情绪和欲望的人真的很少。

君子爱财，取之有道。我从不贪别人的钱财，只默默凭自己本事挣钱和理财，如此平淡宁静而内心丰盈的生活也怡然自得。

对那些权贵之人我从不攀附，如一朵莲花，安静绽放。如果能有机会与有智慧的财富高手交流，我总是会极用心学习和吸收精髓，归为已用。边学习边践行，理财不是凭自己说理就能理的，要从寻常日常生活中点滴积累，别说是发笔金额寻常的年终奖，就是平常日子里的生活支出也要精打细算才行。

我想许多白领伙伴，大多都要把年终奖拿来各种买买买，各种海吃狂饮或潇洒走一回，可我还是认为为了未来过得更好，这笔钱应该攒起来。特别是有家庭的小伙伴们，应随时为未来着想，活在未来才能更早遇见财富。

专家认为，虽然人只有一个大脑，却有两个自我。一个自我任意妄为、及时行乐，另一个自我则克服冲动、深谋远虑。如果一个人连自控都做不到，何谈财富自由呢？秋叶老师说要研究学习某个领域，还是要多看这方面的书，最好是做主题阅读。我就想趁这个假期，进行一次关于理财方面的主题阅读，多学习和研究才让自己更智慧，理财是值得我们终身都要学习的一门技能。

学习本身就是一种能力，即使是在过去，学习能力也很重要。而今在互联网时代，我们必须快速学习，才能跟上互联网的发展速度，不然就是落后人群中的一个。

学习从量变到质变的过程漫长而艰辛，克服人性的弱点，挑战自我极

限，追求卓越！

3.6 如何管理好家庭资产

财富是很棒的东西，因为它代表权力，代表休闲，同时也代表自由。

——洛威尔

单身时的理财很简单，大多以存储为主，不会考虑家庭的所有人员收支。相比婚后，情况就复杂多了，不但要考虑自己的老公，还有自己的孩子，甚至是双方的父母兄妹。

一般的家庭理财配置，可以根据"4321定律"来分配。我自己也是一直按照此定律来做家庭的资产配置，就是把家庭的总收入分成4份。

第1份：40%用于投资理财，也就是钱生钱。当然这部分钱可多可少，可根据每家的情况来决定。我个人认为多多益善。

第2份：30%用于家庭生活支出，支付每月的衣、食、住、行等各类生活费用。对于我和女儿两个人的生活支出来说，女儿读书费用多于我，而我尽量过着极简的生活，把生活费用控制好。

第3份：20%用于家庭备用金，用在紧急事件时用。我一般最少都留有1万元，以备女儿学校交各种费用时能及时拿出钱。生活哪有一帆风顺，这份钱必留。

第4份：10%用于购买保险。为了规避生活中出现生病和意外的发生，我给自己和女儿都买了保险，也是给家庭的承诺和安全感，我认为是身为母亲的一种责任。不怕一万，就怕万一。

其实每个家庭的资产管理都各有不同，我身边就有好几种不同情况。

女同学靖，夫妻俩收入都不错。他们的儿子都上中学了，但是他俩的钱从来都是各管各，她丈夫从来不交钱回家，只是负责家庭的生活支出，而靖就负责儿子的上学时所有费用。

孩子小的时候费用少大家相安无事，后来儿子上中学，费用多起来，靖也压力大起来。好在她平时节省，一直都攒着钱，但时不时也会因为钱而与丈夫争吵，但还是看在儿子这么大了，就凑合着在过……

舒女士是一位家庭主妇，主要负责在家照顾两个孩子和家里琐事。而她老公就负责在外做生意赚钱养家，每个月会固定给舒一笔不小的家用钱，以支付家里的各种费用。到年底时，她老公会把赚到的钱上交一部分给舒，留一些作为生意流动资金用。

这是最让人眼馋的男主外女主内型，一家四口其乐融融，日子也过得非常幸福。

敏同学和她老公杰都是普通的工薪族，杰除每月留一点零花钱外，其余都上交给敏管理。敏是个精打细算的女子，仅凭着他们夫妻的微薄薪水，20 来年居然为父母、子女买下了 3 套房，儿子马上也读大学了。敏同学是我挺佩服的一位朋友。

而我自己呢？以前没离婚时，我和丈夫的钱都是放在一起，谁用谁取，从不分彼此。家里有多少钱两人心里都很清楚。只是那时我只知道存钱，不懂理财，白白浪费了这么多年时间和本金，没有让钱生出更多的钱。对此我很是内疚，没做好贤内助也是自己的失职。

而且更惨的就是 2007 年因为一起炒股，我们亏了不少钱。虽说不是主要因素，但我不善理财还亏了不少钱，在他心里算是落下了沉重的阴影。正是因为诸多不利因素导致我们的婚姻走向终点。

好在我做事认真仔细，痛定思痛，意识到自己的不足后立马改进，不但对自己工作要求严格，还努力学习理财，过着自律和充实的生活，开启了自己的另一种人生。现在理财成为我生活中不可或缺的一部分，我会在月初时做好预算，对生活中的每一笔支出我都一清二楚，做到了把辛苦赚到的钱花在刀刃上。

我把其他多余的钱都拿来理财，让钱生出更多的钱。除了我在招行买的招朝金当作备用金，现在我最多留 2 000 元现金，用来支付女儿的各种费用。平常的消费我都尽量刷信用卡，利用信用卡的免息期将自己的钱用来理财，到期把钱从理财产品赎出归还银行即可。

在理财中我们要尽量规避风险，如果本金都没有了，我们还如何理财？可是如何能有效地避免各种陷阱，不让自己掉坑里呢？那就需要我们不断学习，只有学到足够多的知识，有了高于常人的理财认知，边学边实践才能多维度去思考和解决理财上的各类问题。

止损和止盈都同样重要，也是投资理财的关键，可是能做到的人寥寥无几。贪婪和恐惧是人性的弱点，特别在股市里，这种弱点尤为明显。天下没有免费的午餐，所以理财千万不要想偷懒，盲目跟着别人投资，或是把钱交给别人打理都是错误的，理财都是需要根据自己的情况来做配置。

好的家庭理财方式是根据自己的财务状况，做好家庭开支预算，管理好自己的现金，选自己熟悉的理财产品，把多余的时间拿来投资自己，从容而平静地生活着，这才是最理想的理财与生活。

成功始于每天进步一点点，卓越始于每天改变一点点。

人生逆转：
理财奋斗记

第 **4** 章

指尖理财应做好这几步

2016 年，美国的皮尤研究中心（Pew Research Center）报告上显示，中国智能手机的普及率达到 58%，远高于俄罗斯的 45%、日本的 39%、印度的 17% 等。中国智能手机的普及率上升得益于近年来高性价比安卓手机的崛起。在我们身边，低头刷屏族随处可见。

移动互联网已成为我们生活中不可或缺的一部分，几乎每个人都拥有自己的智能手机。我们的生活的方方面面都离不开手机，甚至离开了手机都无法正常生活。大多数人的手机里装满了各种 APP，内容非常丰富，包括游戏、微信、音乐、淘宝，等等。我们每天都会花很多时间浏览和处理这些信息。

其实只要我们稍做一些调整，挤出一些刷朋友圈和玩游戏的时间，把注意力放在理财上面。哪怕每天只有 10 分钟，就能很轻松地在手机 APP 里记账，或是关注一些理财类的信息，你的理财意识就会慢慢地培养起来。我很多朋友和同事的手机桌面都满屏的应用，杂乱无章，我看了都头疼。手机桌面就好比你的另一个家，如果我们生活在一个脏乱差的家里，里面堆满了杂物，我想那感觉一定很糟。只有把手机桌面整理清爽，留出更多的时间和空间，一切井然有序，利用挤出来的时间，学习一些和理财相关的知识，才是明智的选择。

第一，归纳整理，删除无用的应用

我自己的手机桌面上只有简单的 3 个文件夹，一个文件夹专门装工具类应用；一个文件夹用来放学习类 APP；最后一个文件夹里是网上银行、P2P 类应用和天天基金等理财类 APP 的合集。

删掉那些一个月和很久都没用过的应用，不但节省你手机空间，更节省了你找寻应用的些许时间。我以前的手机里装了好几个手机游戏，消消乐和飞机大战等等，看到游戏自然就会想去玩，玩得非常起劲，花在玩游戏的时间超过我看书的时间。听说现在又流行玩王者荣耀，估计很多大人和小孩都无法自控。还好我不玩游戏。

开始写作后，我就删除了手机里所有的游戏，为我理财和学习挤出了不少宝贵的时间。把有限的碎片时间花在提升自己的理财技能上，肯定比打游戏更划算，理财是一个长期学习和不断优化的过程，只有从每天的生活中一点点改变，我们才能慢慢进步。

第二，删除不看的公众号，退出一些不相关的微信、QQ群

你的微信里是不是关注过很多公众号，而且很多都发布了N次，你也没有进去看过一眼，与其让它们占用内存不如取消关注，留下对自己最需要且最有帮助的即可。

还有很多QQ群和微信群，如不是特别重要都可以退出。让这些对自己成长无关的信息打扰，从而打乱你的注意力真是不划算的事。有时候灵感稍纵即逝，得不偿失。

第三，精简朋友圈，屏蔽一些没用的信息

朋友圈里的广告特多，虽说大多是自己的朋友或熟人，但如果他们老是发送面膜、化妆品、养生等信息或广告，我肯定会把这些朋友的朋友圈屏蔽掉。对自己不喜欢的内容或人都要坚决屏蔽，特别是一些从不跟你互动，或者你早被他们屏蔽的。与其花很多时间去读一些不相干的内容和信息，不如看一点对自己有用的信息。

通过对自己手机断舍离式的整理，我估计你每天至少能省下10～30分钟，用这些时间来思考未来或学习指尖理财，每天进步一点点，一年下来，也会有不少的收获。指尖理财，你准备好了吗？

4.1 用好这几款 APP，你的财富自由会更容易

手机已成我们生活中不可或缺的一部分，没有手机感觉寸步难行，手机里的各类 APP 也让我们生活更便捷。我最心仪下面这几款 APP，它们让我理财和学习变得更加轻松自如，现在分享给大家。

念伊伊手机里的理财 APP

1. 招商银行，超好用的手机银行

招商银行手机 APP 首页

招商银行是我是喜爱的银行之一，不论是他家的网上银行还是手机银行都是我让我用起来感觉到快捷和愉悦。特别推荐大家用招商银行手机银行，那是因为只要输入对方的名字和账号就可以转账成功，省去查找支行

这些麻烦。

招商银行的超级网银的资金归集功能也很好用，各种银行卡里资金可以用此功能统一管理，正常工作日里从其他银行归集资金都是即时到账，且手续费全免哦！还有就是招商银行的朝招金产品，可以很便捷地管理好日常生活要用的零钱，5 万元封顶，每天 1 万元的提现额度，即时到账，曾经是我生活备用金的最爱理财工具。

现在招商银行还有更多理财产品可买，中长短期都有。理财起步的亲们可以放心购买。

手机银行也是超级好用，平时转账我都会选择它，跨行转账手续费全免，而且几乎是秒到，理财转账两不误。

2. 微贷网，车贷 P2P 龙头

微贷网 APP 截图

微贷网是一家专注汽车抵押贷款为主的P2P平台，年交易额达60亿元，确立了国内车贷P2P龙头地位。投资年化收益9%～13%（随时会降息）。2015底我才开始在微贷网上投资，操作几次后比较满意。投资期有1～36个月不等，我一般都投资1个月，这样回款快，也不用担心资金安全问题。

微贷网的资金提现比较快，正常工作日，下午16：00以前当天就可以到账，16：00以后是隔天到账。比起两年前微贷网的年化收益率15%～18%，现在收益率最高也只有12%左右，虽说少了好多，不过好在它稳妥，龙头地位也让我放心。

3. 雪球，社区化股票投资平台

雪球 APP 截图

　　雪球是国内较早开发的社交化投资平台，从最初的社交领域，到现在涵盖上市公司、券商、基金及投资者的完整生态体系。雪球给广大炒股人士提供数据查询、新闻订阅、互动交流、下单交易等服务。目前覆盖 A 股、港股、美股，以及债券、基金、理财等。

　　在雪球里用户不仅可以查询自选股的涨跌信息，还可以找到与自己关注同样股票的投资者，更有股神级的大咖级人物云集在雪球论坛里。雪球是当下股民颇受欢迎的炒股理财 APP，有空的时候我也在上面"潜水"学习。

　　4. 天天基金，养基的好帮手

天天基金 APP 首页

　　天天基金网为中国基金理财的第一门户，天天基金是上市公司东方财富全资子公司，证监会核准的首批独立基金销售机构。它为广大投资者提供专业、及时、全面的基金资讯。我用天天基金养鸡是因为它的申购费低，而且它又以上市公司为背景，安全可靠，且非常专业。

天天基金和雪球一样里面也有其他理财产品，如活期宝、定期宝等。还有人气很旺的基金吧，可以与里面的高手交流和互动。现在市场行情低落，我打算偷偷攒点便宜货，等来年春暖花开，市场也会迎春而暖，那时就一定会有所收获。

5. 好规划理财，比较靠谱的 P2P 理财平台

好规划理财

好规划理财是宜信投资，产品对接的都是宜信标的，安全性好，收益比银行高些，稳妥可靠。这段时间推出了微笑定投，还是吸引了不少小伙

伴，其"粉丝"多是来自"她理财"。我比较喜欢好规划的随心攒，年利率是 5%，比招商银行的朝朝盈 2.7% 高很多，提现秒到，放点零散的小钱还是不错。只是随心攒当天最多只能转出 3 万元，所以我一般最多放 2 万元左右，钱多了就买成其他的理财产品，以获取更多的理财收益。

6. 她理财，财女养成社区

她理财 APP 页面

"她理财"是国内最大的女性理财社区，里面云集了许多财才兼备的妹子。也是我在网上学习理财和交流的初始地。财女们在上面积极地交流家庭理财、分享各自的理财心得和投资经验，还有各自的理财规划、理财方法等。

我关注"她理财"也有两三年了，在上面学到了不少知识。后来我也在上面发文，也是感觉她理财讨坛里正能量满满，很适合理财新手在上面学习和交流。我超喜欢上面的打卡读书和学习新知识的氛围，从而也让我养成了天天看书和学习的好习惯，赞！

7. Timi 记账，我最爱的手机账本

Timi 是我最喜欢用的手机账本，断断续续用了两年（换过手机），我也会用表格汇总分析。但手机随时记录是我必用物，公司和家里财务都要管，真怕不小心漏记了查起来很麻烦。Timi 界面简单易懂，在我出门旅游等花费杂而多的情况下，我也会单独开个账本来记录。

对于我这种记忆不好的人来说，记账简单粗暴，Timi 简直就是我不可或缺的最爱。通过记账，我可以清楚地知道自己的财务状况，每月花了多少，结余了多少，一目了然。特别是每月又攒下不少银子时，心里的成就感那是满满的。想要财富自由，记账是最基本且必不可少的一件事。如果连这点也做不到，那么根本没法理财。

我的 Timi 记账本

8. 得到，我的知识宝库

得到 APP 专栏

"得到"是罗辑思维团队出品，提倡碎片化学习，我在里面订阅了老罗和李笑来老师的财富自由之路专栏。笑来老师的财富专栏对我帮助很大，刷新了我的认知力。笑来老师说："你必须把最宝贵的注意力全部放在你自己身上，放在'成长'上"，"你所拥有的最宝贵的财富是你的注意力"。

听了笑来老师的课后，我就再也不敢躺着看电视、刷朋友圈、参加聚会等。我的生命只有一次，时间太宝贵，必须用在自己的兴趣爱好上，比如现在的写作。另外"得到"里每天都会有 5 个语音免费听，都是各行各业的大咖发表的言论或文章。内容丰富多彩，包含科技金融、互联网、家庭亲子、历史、文化艺术等，几乎所有行业的内容都有涉足。最棒的就是"得到"里的语音可以收录到印象笔记里，变为自己可取用的素材。我每天都会在上班途中收听。

9. 简书，我的梦想在此扬帆起航

简书 APP 首页截图

我爱看书，遇到简书后就迷上了写作，一发不可收拾地写了起来，不可救药。从遇到简书开始，我写了一篇又一篇，仿佛停不下来一般。特别是第一位粉丝，第一个赞都让我激动半天。

收到第一次打赏也让我惊喜若狂，更有理由继续写下去。简书就是我写作梦想的起航点。写一个月下来收到 86 元打赏，钱虽不多，但真是开

心了许久，被人认同是一种幸福，也可以说是我攒钱的另外一种开源吧！非常认同这句"写作就是与自己的灵魂在交谈，借此把外在的生命经历转变成内在的心灵财富"。

以上这几款 APP 都得是我的最爱，我用它们学习和理财，希望对大家有点帮助。这些年我手机上的 APP 加了又删，删了又加，反反复复，唯独这几款始终都保留在手机里。如果你也喜欢理财，或是爱写作，或者喜欢学习，这几款 APP 一定可以助你一臂之力。

用好这几款 APP，你的财富自由会更容易！

4.2　如何通过 P2P 网贷安全地赚更多

一个人一生能积累多少钱，不是取决于他能够赚多少钱，而是取决于他如何投资理财，人找钱不如钱找钱，要知道让钱为你工作，而不是你为钱工作。——（美）沃伦·巴菲特

4.2.1　P2P 网贷的正确打开方式

我发现跟周围朋友谈到 P2P，大多数人都很怀疑和反感，还总提到新闻上 P2P 平台倒闭后老板携款下落不明等等，负面事件估计在大家心里留下了阴影。

所以当谈到 P2P 都有点谈虎色变的感觉，其实 P2P 投资并没有大家想象中那么可怕。

特别是近几年，随着互联网金融的兴起，传统的金融行业开始没落，P2P 理财成为很多投资者的首选。

什么是 P2P 网贷：网贷，又称 P2P 网络借款。P2P 是英文 peer to peer

的缩写，意即"个人对个人"。

网络信贷起源于英国，随后发展到美国、德国和其他国家，其典型的模式为：网络信贷公司提供平台，由借贷双方自由竞价，撮合成交。资金借出人获取利息收益，并承担风险；资金借入人到期偿还本金，网络信贷公司收取中介服务费。

P2P 网贷最大的优越性，是借款人在虚拟世界里能充分享受贷款的高效与便捷。

数据显示，互联网产品在各年龄层的理财人群中最为普及，使用率高达 76%，堪称全民理财工具。随着互联网对理财市场持续渗透，P2P 理财方式也快速崛起，以 38% 的普及率小幅超越股票和银行定期存款，成为普及率第三高的理财方式，与排名第二的银行理财仅存在微弱差距，由于 P2P 平台的简单方便也成为大爷大妈们的首选投资方式。

P2P 网贷与传统银行的理财产品相比，P2P 是建立在互联网基础上的金融，少了中间的金融机构与各种手续费，借款人的利息转化成投资人的收益，P2P 平台只充当信息的传递者，只收取少量的中间费用，所以 P2P 网贷的收益会那么高。

可以这么说，未来 P2P 投资将是互联网不可或缺的主要理财方式之一。作为一个不熟悉 P2P 理财的新手，我们在学习 P2P 理财时应该要注意哪几点呢？

1. 下手精准，"货比三家"

网上大大小小的 P2P 平台上千家，我们不但要考虑平台的实力和风控，挑选出 P2P 行业中的龙头，做好了功课，货比三家后再出手，是对我们的财富负责，才能立于不败之地。

2. 安全第一，高收益后是高风险

越是收益高越要小心，现在 P2P 平台上定期理财产品的收益大多是
7% ~ 13%（受一些投资时间和活动影响），比银行的理财产品收益高
很多，但如果有 15% 以上甚至更高，那就要小心了。只有利率在贷款
利率的 4 倍以下，才是得到国家承认和保护。

3. 投资金额先少再多

新手可以先拿小钱投资试水，我一般到一家新的 P2P 平台，也会用小
笔金额投资，而且都会投一个月短期，如果提现和交易正常，我才考虑再
多投入一些资金。

4. 鸡蛋不要放在一个篮子里

投资 P2P 理财时，千万不要把自己的资金全部投在一个平台上，要分
散在几个实力相当的平台上，这也是人们常说的不要把鸡蛋放在一个篮子
里，主动地降低投资风险。

5. 先从短期做起

如果新到一个陌生的平台，我建议是从短期的理财标的开始做起，如
果做了好几次都很正常，再考虑做中长期投资，主要也是为了降低投资风
险。毕竟钱得之不易，我自己也是投短期多。

6. 迷信热衷名人效应

不管什么行业，都热衷于请名人来宣传推广，这就是所谓的名人效应。
但是理财领域，名人不是操作人，并不能为你带来稳妥的收益。

一个合格的 P2P 投资人，在初入一个平台时，都应该去全面地了解平
台的老板、背景、模式、风控等一系列问题，而不是一味青睐明星效应，
失去自我判断能力。

作为一个 P2P 理财新手，多学习多了解，才能更好地进行投资，本金不亏的前提下才能理好财。

说到这里，给大家推荐羿飞做的 P2P 评级排行榜，他的这个排行榜很不错，上榜的 P2P 大多都是安全可靠，对很多新入门的投资者来说，可以起到规辟风险的有效防范作用，想了解的亲们可以去网上查找。

P2P 有一些高于 10% 以上收益的 P2P 产品，关于 P2P 平台的资质和风险问题，没有谁可以百分之百的保证资金安全，想要比银行理财得到更高的收益（银行理财大多 5 万元起），P2P 平台门槛低（100 元起），但要承受一定的投资风险。

大家可以关注"P2P 观察"和"P2P 新鲜事"这两个微信公众号，它们可以检索各类 P2P 平台的等级、团队、资金等情况，可供投资者作参考。

综合来说 P2P 还是可以少许配置，我投资的 P2P 一般只有 10% 的年化收益率。比起以前动不动就 18% 或 20%，现在 P2P 投资理财的收益是越来越低了。

前几年网贷监管不严时，很多 P2P 网贷平台甚至可以用信用卡进行支付。

后来央行禁止第三方支付平台向 P2P 提供信用卡充值。玩转信用卡要很高的技巧和精力，弄不好会亏了本金就不划算了。

2018 年 P2P 平台频频爆雷，令众多投资者血本无归，因此大家今后在 P2P 投资时一定要注意风险，高出 8% 收益的都需要格外谨慎，尽量投资排名靠前的大平台，把控好风险，稳稳妥妥地赚钱。

理财市场是有经验的人获得更多金钱，有金钱的人获得更多经验的地方！——（美）朱尔

4.2.2　如何判断 P2P 平台的安全

我们怎么判断 P2P 平台的安全性呢？以下几个技巧可以供大家参考。

1. 百度搜索

如果百度搜索里面没有这家平台的品牌专区，或者点进去却是别人家的平台，那么投资者就该当心。根据百度的要求，一家 P2P 平台至少要在 B 轮融资以上，才有资格购买百度的品牌专区。

如果搜索出来的前几条都跳到其他平台，说明这家 P2P 在对外营销且公关方面做得不好，或者是这家平台的预算不足，这么严谨的事都给办坏了，这公司肯定是有问题，应该回避。

2. 关于待收

建议大家用"网贷之家"，它是一家第三方网贷资讯平台。我们可以在"网贷之家"查询到很多 P2P 平台的相关信息，其中包括平台的工商备案、高管简介、平台费用等一些最基础的信息。也可以看到这家平台的交易数据，待收也叫贷款余额，通过贷款余额乘息差，可好估计出这家平台的赢利能力。如果一家 P2P 平台是赢利的，那平台相对安全可靠。如果在"网贷之家"上并没有找到此平台，也不一定是平台有问题，只是平台与"网贷之家"没有合作，所以才查不到。

3. 平台的项目透明度

平台的项目信息没完全公布，也就是我们说的透明度不高，借款人的一些信息不全，或者是投资者的投资情况也没公布，让投资者心有疑虑。平台公布的信息越多越好，至少可以让投资者心里稳妥，不用提心吊胆地受煎熬。

4. 平台设计的美观度

有一次我新下载一家 P2P 平台，从手机上点进去一看，整体设计得很丑，那些利息的数字都粘在一块，离美观大方相差甚远，自然没有心情去仔细了解它了，果断退出。杨澜说得很透彻，"没有人有义务必须透过你邋遢的外表去发现你优秀的内在。"如果一家平台对用户体验不看重，那么我觉得它不是一家好公司。任何一家优质的平台，一定很在意细枝末节上的优化，毕竟用户的体验好才是最重要的，才能脱颖而出，细节决定成败。

5. 银行存管

很多人认为平台有了银行存管，资金就绝对安全可靠了。其实不然，银行存管只是增加平台的征信，让平台有了一张进入安全区的门票。如果 P2P 平台老板带着钱跑了，存管的银行不会承担任何责任。银行存管是投资者通过平台在银行开了个虚拟的账户，投资平台的钱存在银行账户里，平台想调用资金要经过银行才行，杜绝了平台自己建资金池。

但是银行不会去审核平台项目的真实性，银行也不保证投资者的收益，银行不承担 P2P 平台管理和运营等所有系统性风险，这些都是需要投资人自己鉴别。银行存管只是 P2P 平台一项最起码的运营敲门砖，对投资者来说是个心理安慰。如果没有银行存管，风险更大，需格外谨慎。

4.2.3 提高 P2P 收益的几个技巧

近期由于国家政策监控力度加大，许多不规范的平台关门大吉，而大型优质的 P2P 网贷平台者强者恒强，越来越受到大家的追捧。但同时各大 P2P 平台的收益也越来越低，我们该如何在投资 P2P 时，实现收益的最大化呢？以下是我投资 P2P 这几年的一些心得，分享给大家。

1. 活期类 P2P

活期类 P2P 如"51 人品"和"洋钱罐"等，这些钱可以作为家里的临时备用金，保证现金充足的流动性。典型产品包括余额宝、微信中的理财通、货币基金和活期类 P2P。平时我的零钱只放 5 000 元在活期 P2P 中，消费时尽量刷信用卡，把钱都拿去买活期产品。超过 5 000 元后，我会立马把多余的钱转投其他 P2P 平台，现在会选长期标的锁定收益，有加息券或现金券肯定会用。

2. 短期标与长期标哪个更好

其实以前我都认为短期标的获利快，如果平台不好我可以立马取现，资金安全性更高，但是后来我发现短期标的到期有时会忘了，资金就闲置着，还是长期标的省事又划算点。再者，不管你投短期标的或长期标的，只要平台真要出事，钱即使回到你平台账户里，但提不了现一样抓瞎。做好功课，确定这个平台安全可靠后，投长期标的更能实现利益最大化。特别是钱回来后本息复投，收益一定会达到平台所承诺最高利率。

3. 现金券和加息券及活动一个都别放过

有的投资者可能还瞧不上这些不起眼的加息券，可偏偏就是这些不起眼的活动券，可以轻松助你多得 1% ~ 2% 的利息哦。而且，有的平台可以用积分换加息券或抵提现的手续费，这些都是平台给投资者的福利，当然要好好用起来。并且，如果你细心点，会发现加息券和现金券使用都是有技巧的。有的平台使用加息券把利息当天或隔天转到你的账户里。如果你的钱投光了，眼看又有 100 元孤单地趴在那，心里一定很抓狂，恨不得立马把钱再投进去。

举个例子，你有几万元钱要投看中的 P2P，这时发现有 2 张券，1 张

200 元现金券，投资额要 3 万元时才好使用；1 张 1% 的加息券，5 000 元以上都好用。这时，就应该先用加息券，只留 3 万元等后面用现金券，直到平台把加息部分的利息转给你后，再把剩下的钱加上现金券全投长期标的，这样就可实际利益最大化，而且每分钱都发挥了作用。

4. 等额本息还款更好

我觉得虽然等额本息还款比到期一次性还本息要烦琐些，但每月还款能激活我们的资金的流动性，我们可以取出来用到其他方面，也可以继续选择连本带利复投，让我们有了更灵活便捷的选择。

5. 债权转让标的

有时也可以看看债权转让区，有时能碰到短期高利率的转让标，它即拥有短期标的的流动性灵活性，还兼顾了长期标的高收益，真的很划算。

6. 多打客服电话，问清楚提现和服务费等问题

我也因为提现和积分问题打过很多次某平台的电话。发现那家平台的客服态度和业务能力极强，这些都给了我很大的信心，于是慢慢地投给他们家更多资金，也享受到他家更好的服务。有的平台标的很抢手，我总是失之交臂，后来我问清楚了交易的时间，先往平台充值，手机设好提醒功能，就妥妥地买到心仪的标的。

7. 尽可能薅大平台的新手标羊毛

新手标几乎是每个平台收益最高的标的，每个新手都只能享受一次这样的高收益待遇，所以我会试着一家家地"薅羊毛"。嗯嗯，只要是四星级的平台就大着胆搞点小钱花花。

总之，投资优质 P2P 平台，也需要我们不断学习和总结，买短标和长标都是要做比较和分析。我自己做了详细的表格，把短期和长期的几个平

台都一一列出来，收益多少和优势在那显而易见。最后，我们在安全的前提下，优化出几家活期、短期和长期的 P2P 平台，聪明合理地利用这些优质平台，为自己赚出更多收益，这是所有投资者的美好心愿。

说了这么多，就是要大家在做 P2P 投资理财时，可以享受相对高一些的收益，又能很好地规避各类风险，让大家开开心心稳稳妥妥赚到钱。

不进行研究的投资，就像打扑克从不看牌一样，必然失败！

——（美）彼得·林奇

4.3　买支好基金给自己涨薪

基金是一种投资工具，由基金公司集合众多投资人的资金，投资于股票、债券、短期票据、定存等各种有价证券。

简单说，就是花一些管理费，把钱交给基金公司帮你操作，赚到了钱大家一起分红，赔了钱大家一起赔。在众多理财工具中，基金是我比较喜欢的一种投资工具，它操作简单灵活，可单笔购买或定期定额购买（定投），金额亦可根据自身情况可多可少，甚至 10 元也可以购买基金。

对于我们这些工作繁忙且资金有限的普通人来说，把有限的钱交给专家代管，更妥当划算。我觉得基金特别适合以下三类人购买。

（1）理财小白：基金的入门很简单，定投也省时省力，很适合没有投资经验的新手。

（2）月光族：如果每个月初就把该扣的钱从银行卡里扣来买基金，这样可以慢慢戒掉不好的消费习惯，到年底时可以强制存下一笔不小的资金，是医治"卡奴"和"月光族"的最佳良方。

（3）长期投资者：基金投资标的众多，大多都有 10 ～ 20 只股票，且大多以 3 年一个循环周期，属于稳健长期投资者，并不适合快进快出的短线投资者。

基金在各大银行和证券公司都可以买到，我以前总在招商银行网上银行直接购买，后来发现天天基金网购买手续费低，继而果断转到天天基金网购买。投资基金主要有两种方式，一种是单笔申购，另一种就是定时定额申购（即定投）。我最喜欢基金定投，靠着定投我为女儿攒下了几年的学费呢。

现在每年的投资品种中，基金定投成了我必不可少的理财配置。可我们如何在 2 000 多只基金中挑到优质的"金鸡"呢？一般情况下，我会查看基金的排行榜，选好合适的基金类型后，会从同类基金中挑出中长期绩效很好的基金。

天天基金网上里有基金的排行榜，可以分别挑出看中的基金比较，而且还可以根据数据，查看到基金 3 年的绩效，再看 2 年、1 年绩效，这样选出名次都靠前的基金。并且在"天天基金"里有基金筛选功能，它里面有近期表现好的前 20 名基金，也有长期业绩优异的老牌基金 30 名，这些都可以帮你挑选出心仪的基金。

如果是定投，可以挑净值波动较大的股票型基金或混合型金。如下面两图是我比较中意的混合型基金：长信量化先锋（519983）与债券型——易方达安心证券 A（110027）。

长信量化先锋基金（519983）

易方达安心证券基金（A110027）

以上两图就是在"天天基金"网中"基金定投收益计算器"中得出的结论，我一般会利用基金定投收益计算器，模拟某只基金在某段时期内的定投收益表现情况。从图中不难看出，同是定投3年的混合型基金与债券基金，定投36期后长信量化先锋总资产64 874元，易方达安心证券总资产是47 765元，混合型的波动更大但收益更丰厚，所以定投更适合选择波动幅度更大的基金。

而且现在可以选每月、每周、双周或每天定投，每天定投最低仅仅只需10元就可以投资，对于积攒零钱是不错的选择。我把生活中额外收入的一些零散钱都统统投进去，到年底估计也会有笔不菲的收入。

超级转换：当你的基金在买入后表现不佳，这时你也可以通过基金转换成其他表现更好的基金，比起卖了手上这只，等钱回到账户再买入另一只，用超级转换功能可以省3天的资金空置期。

超级转换功能

除了一些投资国外的基金产品，一般的2 000多只基金都可以用超级转换功能，它可以支持跨基金公司转换，转入基金只要1个交易日就可以确认，比正常操作流程至少快 3 个工作日。

极速赎回：当你想卖出基金，点回活期宝，它就会极速赎回到活期宝中，整个过程只需要 1 个交易日，这样会比普通赎回多获得 2 天的收益。

极速赎回功能

我平时在筛选和分析基金的时，以及做基金交易的时候，都会经常用到以上这些功能。

定时定额并非没有风险，要成功赚到钱的关键在于要有正确的操作方式，以下几点请投资者注意。

第一，只要有闲散不用的钱，都可随时进场投资。

第二，定时检查自己配置的"基窝"，把表现差的基金卖出，把钱投到涨势喜人的基金上，强者恒强是市场不变的真理。

第三，制订好了投资计划，就不要随意改变。比如进场不久出现亏损情况，就害怕得想马上卖出止损。别忘了，定投就是要在市场下跌时才能收集到更多筹码，当市场上升时才能赚到钱。不克服人性的弱点，想赚钱很难。

第四，定好止盈点，聪明地把钱落袋为安。很多人投资基金亏了钱就是因为心理承受能力差，克服不了人性的弱点。最明显的表现为，定好了20%的收益就获利出场，结果却贪心地想赚更多钱，早忘了卖出计划，结果市场又意外地下跌，本应赚钱却变成了亏钱。恐惧让心理承受力差的人更加无所适从，只要买入后出现亏损，投资者总是害怕得彻夜失眠，把坚持定投忘了个干净，定投本就绝不能在低点时停扣，越是市场下跌，你买入的份额不停扣成本才会越低。停扣只能适得其反，亏钱成了必然。

定投要拿不影响生活的钱来投资，周期最好是三年，也就是你需要准备好这三年要用的资金时才进场。当然，如果你的工作很稳定，你每月从工资中扣出几百来定投也是个好主意，特别适合月光族。再者，尽量避免做单笔的基金投资，单笔投资风险极大，弄不好会被套牢，还是以定投为主，把损失本金的风险控制到最低。有选择性困难的投资者，可以选定投 A 股的指数基金，沪深 300 或中证 500 都是不错的投资标的。

如果大家投入基金的本金比较多，可以根据自己风险承受能力，分别配置债券和股票型基金，这样可以有效地控制投资风险。资金可以是 5：5，也可以是 7：3，或其他，都因人而异。保守型投资者可以多买些债券型基金，激进型投资者则可提高股票或混合基金比例。而我，则是偏激进型投资者，债券型基金的比例只占少部分，大部分钱都定投股票型和混合型基金。

最后愿大家买到适合自己的"金鸡"，年年有好运。

指尖理财应做好这几步

101

4.4 股票投资，让你欢喜让你忧

股市——有经验的人获得很多金钱，有金钱的人获得很多经验。

"股市有风险，入市请谨慎！"这几字可谓字字千金。可是在我们入市后真正理解和思考，并在入市后就学习股票相关知识的人有多少呢？天底下没有免费的午餐，有的只是无尽的贪婪。股市给那些缺乏经济基础的人带来了以小钱赚大钱的机会，对那些才高志大者来说，股市就是一个提款机。然而，这个看似美好的市场却危机四伏，步步惊心，稍有不慎就会血本无归。

那些以为进入股市就等于赚钱的想法，何其幼稚与无知。无知就是最大的风险！我刚入市之时就是这无知者之一。接触股票也好多年了，从刚开始的瞎买瞎卖，追涨杀跌，到后来自己买书学习，经历了股市刀光剑影的各种颠覆式的洗礼，至今对市场都怀有敬畏之心。然而，大部分人都是这样，只有在亏了真金白银后，才会沉下心来学习和总结。而看书和向股市中的大咖学习是唯一的方法。

我理解为：炒股最大的成功就是保住本金，本金为王，只有在保证本金不亏损的情况下，我们才有机会赚到更多的钱。换言之，投资的刚需就是避险。所以对炒股这种风险极高的投资品种，我们应该用家里的闲钱来投资，心理要有思想准备，这笔钱就算是丢了，也不会影响到你的生活才行。

那些激进分子，动不动就拿出全部积蓄投入股市，大多都是新手，这样亏损起来后果很严重，随时会成为生命不能承受之重。还有配资炒股或是借钱炒股，我认为他们就是在赌博，90% 都是血本无归的下场。就像是拿着火把穿过火药库，危险而不自知，是活脱脱的险盲。如果不想因为炒股影响到你的家庭和事业，最好不要借钱炒股或配资炒股。

我是亏了许多钱以后，才开始老老实实买书学习的。看了很多书，其中包括《股票操作手回忆录》《时间的玫瑰》《炒股的智慧》《缠中说禅》《彼得林奇的成功投资》《短线交易秘诀》《江恩选股方略》《巴菲特如何选择超级明星股》等。我发现除了风险把控（本金为王），买点和卖点很重要，在市场低迷的时候入场，在市场人人都亢奋时退出，如此简单。但越是简单的道理，做起来反而越难，因为我们不知道市场什么时候才是最低点，什么时候才是最高点啊？

于是我又继续看书，寻找让自己信服的买点。我看过许多市场高手的买入点，有的是看重要压力点和支撑点有效突破，是真突破就买入，当然量能也要配合温和放大才有效。有的则是按"立桩量法"买入，还有的则是量价背离后买入等，总归各位大神都有一套属于自己的操作系统和买卖点。而我呢？我是反反复复用各位大神的方法买入，可是却被市场狠狠教训了N次，直到真金白银日渐耗尽，这才消停下来。有时我都佩服自己，有打不死的小强精神，屡战屡败，屡败屡战，市场从来都没有让我彻底害怕和失去信心，心里暗想，只要我不死，这一辈子我都要死磕到底。

说归说，可拿钱买来的教训和经验还是要总结，最后我把自己的操作策略定了下来。实际操作为：挑出一支各方面都满意的股票，我的股票池里最多10支股票，多了也我看不过来。最后只买入最宠爱的那一支，在它启动时买入。挑这只股票我至少跟踪了它3～6个月，看到市场回暖，而它又经过最后一跌，第二次下跌时已明显止跌，不会再继续下跌，而量能也是缩量到地量，我就会在此时买入半仓不动。一般第二天就会长阳上涨，K线呈45°缓慢上涨拉开序幕。

影响我最深的一只股票是 002766 索菱股份，我从打新股时中了 500 股，一直守到它涨到 37 元左右，看它不能再创新高就卖出 400 股，有 100 股一直不舍得卖，这样我这只股票就成为零成本了。后来，我一直关注它，直到索菱股份跌破 20 元，量能萎缩得很厉害，在 19 元这里得到有效支撑，随后它就展开反弹，没有再继续往下跌。

当看到索菱上涨时量能温和放大，我知道机会来了，再次在 22 元左右买入一些，随着它的上涨不断加仓。因为零成本，再加上我买入价格低，这只股票成本也就只有几元钱。后来，索菱股份幸好没让我失望，一路高歌猛进，让我小赚一笔，因为本金少，也没有赚太多。但因为这只股票，我操作的信心增加了不少，并且在股票操作风格上也有所转变，不再会贪心地买 N 多股票，只专注一只。一只股的好处就是能让我的注意力集中，可以在它低点时果断买进，在相对高点时卖出，一年只做几次操作，努力把成本做到最低（每次卖出，总留 50% 的底仓）。

试想自己的股票成本为几元，甚至为零元，那该有多爽，自然就做到心中有股却胜似无股的境界，风险就几乎可以忽略不计。想起前几年看《缠中说禅》中说"把股票成本搞成零"。当时看了以后心潮那个澎湃啊！真正的高手，连比喻都如此深远而贴切，我自己也可以做到吗？

一直梦想有一天也把股票成本做成零，真没想到几年后的一天我碰巧把股票做成零成本了。还是那句话，控制风险第一，获利第二。只有在低风险的情况下，我们才能安全赚到钱。

千万不要借钱炒股，也不要做配资，不然市场下跌会亏得灰头土脸。我身边就有几个例子。一位是我以前公司的一位同事，拿着家里的钱炒股，开始他说是打新股，把亲戚朋友的钱都借了个遍，因为他家里条件也不错，大家都很信任他，借给他不少的钱。直到有一天，他们夫妻俩一起人间蒸发，大家才知道上了当。他居然圈了家人和朋友1 000多万元炒股，跟别人说是打新股，其实是做1：4的股票配资炒股，结果亏得血本无归，输红了眼。他四处借钱想翻本，但事与愿违，不但没有翻本，甚至最后连承诺给别人的利息也拿不出来，只好带着家人出走，到现在人都不知所踪。据说他最惨的一位朋友，是把房子抵押后几十万借给他。

还有一位朋友，我以前也提到过，她深信她朋友小冰的炒股技术，把自己所有的钱全交给小冰，结果没料到人家也是拿去做配资，现在说钱被套牢了，账户根本动不了，朋友的几十万本金也很难拿回来。在我眼里这些所谓的高手，都跟赌徒没什么区别，一次性投入所有本金就是不对，要知道赚钱和亏钱的概率都是各50%，就算是你技术再好，能达到70%的赚钱概率，可还是有30%亏钱的风险在里的啊，谁敢担保100%赚钱，何况配资风险更大。

配资我也曾经研究过，就是向其他平台借钱炒股，每个月按资金量给相应利息。如果市场不好，出资方会在保住他们自己的本金不亏时强行平仓，亏损的永远都是投资者自己的钱。说直白点，出资方只赚不赔。投资者只有亏的份，赚到钱的人极少。股市上涨时，投资者会付利息，资方收入利息；股市下跌时，平仓亏损的是投资者的钱，资方的本金肯定是安全的，他有权平仓拿回自己的本金。而投资者除了亏损本金外，还得付利息。

心急吃不了热豆腐，财不入急门。不管是学习、赚钱。还是自己的事业，一定要有足够的耐心，给自己足够多的时间，只要是方向正确，一切总归会向着自己希望的样子变得更好。这是我花了很多时间和金钱总结下来最为深刻的经验。成功总是会眷顾那些努力学习的人，不断学习，不断总结，不断纠错，直到成功。我们应该这样反复告诉自己："我不是失败了，只是暂时还有没成功。"

如果你爱他，你就让他炒股吧！如果你恨他，也让他来股市吧！这市场是天堂，也是地狱。股票投资，真是让我欢喜让我忧！

4.5　给你的投资判无期徒刑，可好

从投资的角度来看，对任何一个人而言，时间就是最有价值的资产。

你有没有想过，当你的某个投资被迫成为无期，取不出来了，或者权且这部分钱弄丢了，需要 20 年以后才能得到好的收益，你愿意等到那天吗？我想还是有少数人会愿意等，大多数人估计不愿意等。因为他们太着急、太渴望财富了，他们只要现在，不想将来。

本来投资理财比的就是耐心，而不是像有的人巴不得立马发财，所以才急着去买彩票，梦想着一下子中 500 万；或者冲进股市，在股市里追涨杀跌，发财梦碎了一地，钱却蒸发得无影无踪。欲速则不达，真正懂的人能有多少？我们时常会从报纸或电视中看到，某人很幸运地中了 500 万元彩票，但几年后他又败光所有资产，戏剧性地被打回了原形。可见在如何管理财富这事上，还是要好好学习和不断优化，不然再多的钱到手最后依然是穷光蛋一个。得到一样东西的最好方法就是让自己配得上那样东西。

作为我们普通人，能积攒起自己有限的资金也是一件不易的事。如何管理好自己的资金，让它不断积累增值，就像是挖了一口井，让收入像井水一样源源不断地涌入，永不枯竭。笑来老师在《得到》专栏上讲，资金成为资本的三个要素是"金额""时限""智慧"。它们的排序应该是这

样的：智慧＞时限＞金额

金额对每个人来说都有着不可控制的因素，如果你命好，天生就是富二代，你就直接拥有了别人望尘莫及的财富。而我们普通人，能攒下一定的资金的人也算是可敬。而"时限"这个东西，对我们所有人都是公平的，每天24小时不会有哪个人会多一小时或少一个小时。

如果我们把自己积攒下来的钱，少则几千，上至万元，投入到熟悉的理财工具里，判它一个无期徒刑。在时限这个维度上，我们就算是站在最高点了。能想明白这个道理，需很高的智慧——比金额、时限更为主观的一个东西。

这与《时间的玫瑰》的作者但斌的投资理念大致相同。但斌先生也是长线价值投资者，他说投资就是要挑出如皇冠上的珍珠般优质的企业，然后坚持长期持有，经过时间的沉淀积累，财富会滚滚而来。但斌在书上还讲了一个关于1 000股万科的故事。他一个不太懂股票的女友，在1991年时花1万多元买了500股深宝安，1993年花2万多元买了1 000股万科。后来因为搬家和工作把这事忘了。

2007年的一天她与但斌聊天时无意间想起这事，回去找出原始凭证去证券公司查了一下，当年3万多元的投资，如今资产增值成了150万元，丰厚的收益带给她巨大的惊喜。无意中的遗忘事件，像是给她的投资判了个无期徒刑，却让她意外地发了财。这件事让她悟到很多，原来找到优质的成长公司，随后选择遗忘。赚钱就是这么简单。

好比胖妞想要变成苗条的美女，当然要减肥。于是花钱去减肥中心，买很多减肥产品，或者再弄辟谷，等等。其实最简单有效的方法就是控制食欲，特别是晚餐，尽量不吃东西，多做运动即可。少吃多动，坚持如此，养成习惯，人自然就瘦下来了。很简单的道理，可就是很少人能做到。

台湾基金教母萧碧燕在她的书中也提到，她最喜欢用基金定投来赚钱，并且乐此不疲。她用 10 多年的长期投资经验告诉我们，定投最少要坚持 3 年，特别是在市场下跌的时候，千万不要停止，那才是加码的最好时机，等市场回暖后收益自然丰厚。萧碧燕靠基金赚到的钱买了房子，还提前实现了财富自由。她用亲身经历告诉我们，基金定投一样可以赚大钱，一样可以实现自己的财富梦想，只是你要有耐心，坚持不懈地长期定投，一切皆可实现。

我们要学习的，就是用我们的智慧找到最适合自己们的投资工具，长时间地学习并加以实践，不论是股票或是基金，都要找到好的投资项目，优质的成长型公司是首选。比如定投未来的互联网龙头公司、定投指数基金、定投稀缺消费的股票等，都是稳妥赚钱的好方法，傻傻地投入，让它经过长时间的浇灌，最终会开出最美的花。

因为我们耐心等待过，所以得到丰厚的回报是给我们最好的奖励。心理学上称为延迟满足感。想要得到更多财富，必须要坚持耐心等待哦！股神巴菲特不也是长期持有优质公司股票而成为股神的吗？这么多的榜样在教我们投机理财，我们还是赚不到钱，那就是自己的问题了。以后我们就该效仿投资界大神们的投资理念，看好目标，要么在低点一次性买入，要么定时定额买入，给你的投资判为无期，稳稳地赚钱，多好？

人生逆转：
理财奋斗记

第 5 章

投资自己是最好的理财

投资理财是有了一部分的积蓄后，才能通过时间和理财知识来达到财产不断增值的目的。可如果你现在只有 20 来岁，刚开始工作不久，工资不高，估计也没攒了多少钱，所以这时的你最应该投资自己。唯有不断提升和投资自己才是最好的理财。

工作的头几年，工资不高，很多人都是月光族，能存点钱下来也很不易，这时候应该重点把有限的钱和时间花在提升自己上。工作上积极，通过学习和培训提升专业技能等，你的努力或许能得到升职加薪，工资增长远远高过你的理财收益。

美国前总统奥巴马说："学习的钱一定要花，我一个黑人能在美国白人世界站住脚，能有今天完全靠学习高人的智慧！学习不能决定你的起点，但一定决定你的终点！"如果说，望远镜是人类眼睛的延伸——使人们看得更清楚，计算机是人类大脑的延伸——使人们算得更快，车是人类腿脚的延伸——使人们走得更远……那么，学习就是人类所有能力的延伸——使人类拥有更多能力，并且往往取决于你花的时间和精力。

现实生活中很多人都拒绝学习，比如说我公司里有一台复印机，我让某个同事花几分钟时间学一下如何复印身份证，可她拒绝学习，每次都要别人帮她弄，她的理由："我懒得学，你们会就行了。"我一个表妹，老说自己钱不够花，我就几次劝她买理财的书看看，自己学习理财，甚至邀她周末时到我家，我教她理财，她都无动于衷。几次未果，我也只好作罢。

我经常都替她们着急，可是她们却浑然不觉，错失了很多改变自己的好机会。第一，拒绝学习就不可能有机会知道学习之后的收获；第二，由于不知道学习之后的收获是什么，也就不可能知道那收获是有多好；第三，既然对学习的好处无从了解，自然就没有学习的动力……

我们应知道"学习"最关键的一点是：任何知识的获取，都是不可逆的，在知道它的那一瞬间，它就改变了你的一切，不论工作或生活都会因它而变，仿若获得了重生。千万不要拒绝学习。马云曾说："投资大脑是最智慧的投资！今天不为学习买单，未来就为贫穷买单，穷人什么苦都能吃，就是不想吃学习的苦；而富人什么苦都不能吃，就是能吃学习的苦！"

提升自身的能力，以下几点可供参考：

（1）持续的多看书多学习；

（2）经常锻炼身体；

（3）保持科学合理的财务计划；

（4）多去外面的世界看看；

（5）多和一些牛人交流；

（6）要有终身学习的认知。

我们一定要跨出"舒适圈"，接触外围的"未知区域"，无论是知识还是思维，不断地学习和改进，就是对自己最好的投资。"学习"的重要起点是：起码学会一种技能。比如我，喜欢看书，现在痴迷于理财和写作，当前的目标就是培养自己的写作技能，花几年的时间来学习理财，并将学到的知识输出，不断地打磨这项技能。虽然会花费很多的时间和精力，可因为是选择做自己的事，花再多精力也是值得的。

还记得我 20 多岁时，花钱去培训学校学了计算机，掌握了基本的计算机操作和五笔录入，后来因这些技能我获得了另一个工作机会，原本在原单位拿 1 000 多元的工资，跳到新公司后工资直接涨到 2 000 元。所以，趁我们年轻时，要舍得花钱投资自己。我们的财富就像蓄水池，工资就像水源，更多的知识会让水源源不断地流入蓄水池，我们要控制好水源流出量（合理支出），蓄水池里的水才会越积越多。

投资自己是最好的理财。

5.1 推荐几个理财和学习的公众号

1. 十点读书

这是我最喜欢的公众号之一。此公众号也是全国排名比较靠前的超级大号。"十点读书"每晚9：40左右更文，上面的美文几乎都是原创，给人以文雅和新颖感，还贴心地配有音频主播，不论是文章的配图还是排版，都十分让人赏心悦目，给读者的体验非常棒。上面的每篇文章都是"10万+"的阅读量。创办人林少才确实是位牛人，他写的软文文艺范十足，让我佩服得不行。

2. 白话区块链

"白话区块链"公众号主要写区块链的相关知识，这些天我在上面学习了不少知识，对区块链有兴趣的同学可以关注一下。上面的文章通俗易懂，很适合区块链小白学习。而且此公众号每天都有更新区块链最新资讯，现在的我几乎每天都会点开来看看。还有一些区块链"老司机"的文章，看了后可以得到很多启发。在未来世界，区块链投资将是另一波财富机会。

3. 她理财

"她理财"是国内最大的女性理财社区之一，这是和"她理财"社区配套的公众号。上面发表的都是一些"财蜜"的理财干货，如果你想学习理财，这个公众号值得关注。

4. 坤龙老师

"坤龙老师"是 90 后新媒体的"老司机"，曾参与 50 个公众号的运营和推广。如果你有自己的公众号，却苦于不知如何运营和"涨粉"，可以关注"坤龙老师"的公众号，上面有教你"涨粉"和运营类的干货知识，一定让你收获满满。我曾付费学习过他的微课，他分享得很详细、全面，确实让我学到不少知识。是否干货满满，只有你自己感受了以后才会明白，是吧!

5. 秋叶 PPT

秋叶老师估计大家都熟悉，我买过他的畅销书《如何高效读懂一本书》，学到不少关于阅读和拆书以及写读后感的方法，非常棒。也因此书知道秋叶老师是做 PPT 的高手，故关注了他的公众号。公众号上有一些做 PPT、Word 和 Excel 等常用办公软件的小技巧。如果你想把图表做得美观大方，且与众不同，关注这个公众准没错。我相信这里面的内容学会后，你的工作效率将会有很大的提升。

6. 香帅的金融江湖

"香帅"是北京大学光华管理学院教授唐涯的誉名，因其喜欢看武侠小说故得"香帅"美誉。还是我从《得到》上订阅过唐老师的"香帅的北大金融学课"，跟着她学到了许多金融知识，并读过她的著作《金钱永不眠》。当然更是加了她的公众号学习新知识，香帅老师以海归金融学者的视角和深邃洞见，让我打开了另一扇学习之门，也确实如她说："让我站在了高处，重新理解财富。"愿你也如我一样喜欢香帅老师精彩的金融讲解与分析，我期待她更多的佳作。

7. 三公子的人生记录仪

"三公子"是《豆瓣》上的红人，在《豆瓣》上拥有 10 万多的粉丝关注的人气博主。她从"月光"到 5 年累积财富 100 万元，确实是蛮接地气的知识型理财高手。我听过她在《分答》的理财小讲，"三公子"的理财思路很清晰，表达能力与写作能力都很棒，也是我挺佩服的一位理财高手，我经常看她的文章，也从她那获得了一些知识。我还买过她的书，读了她的书后关注了她的公众号，从中吸收了一些有营养的理财知识。喜欢理财的同学也可以关注她，以后可以跟着她一起学习成长。

8. 理财巴士

"大巴"是一位理财老司机，他用了 10 年的时间，从理财小白成长为实现了财富自由的理财大伽。在他的公众号也分享了他的理财知识，有文字和语音讲解，还讲了一些实战，非常适合理财新手学习。如果想更快更全面学习理财，可以考虑成为大巴家的会员，只是成为他家会员收费颇高，据说还要考试通过才行。

9. 学习学习再学习

著名天使投资人李笑来老师的公众号，上面有不少新知识和最新的财富机会，如果你也是喜欢学习和想提升的同学，这个公众号将是很好的切入点。笑来老师不但提倡要多维度地提升自我，甚至还提出将带领所有爱学习的人终身抱团学习。从去年开始，从他那里我更新了不少基本认知，开始坚持不断地投资自己和培养写作，不得不说学习后让我进步提速。

他说："人最宝贵的财富是注意力，只有把时间和注意力放在自我成长上，活在未来才有机会获得财务自由。"

以上都是我平时花时间最多，让我不断成长的公众号，现在分享给大家，希望大家喜欢。

5.2 知识是夺不走的财富

1. 知识就是财富

以前我对这句话不以为然，但现在我是深刻领悟通透了。去年互联网上那些有知识的大神与大咖们，巧妙地运用他们的知识变现成功，真是财源滚滚呢！从我最熟悉的知识类 APP 一得到，罗老师颠覆了学习和教育的认知，把移动在线学习做得风生水起，热火朝天。

专栏以李笑来老师的订阅人数为首。订阅价是每人一年 199 元，钱虽不多，但有十多万的订阅总量。

知识就是力量，知识就是财富，太正确了！通过不断地学习和思考，我领悟到，钱不是最重要的，财富自由也不代表人生从此完美，我们需要终生学习，把注意力放在成长上面，有知识自然就会拥有财富。

2. 深井中的水是抽不完的，浅井却一抽见底

在读书和学习方面，我最佩服犹太人，他们不但会赚钱，而且非常热爱学习。

这跟犹太人四处流浪，没有家园，居无定所的生存环境有关。他们所到之处，唯一靠的就是自己头脑中的知识。他们靠知识创造财富，从而靠财富为自己争来一席之地。

他们认为知识才是最稳妥的财富。著名的犹太谚语说："学校在，犹太民族就在。"以学习为职责的犹太人，在履行职责的同时，得到了其他民族梦寐以求的兴旺发达，因此他们特别重视教育。以色列总理梅厄夫人说过："对教育的投资是最有远见的投资。"伊扎克·纳冯则更直言："教育上的投资就是经济上的投资。"

犹太人把读书当作一生的事业来做，并总结出一套高效的读书法：

（1）收集学习资料。他们会根据学习的目标要求，收集包括书籍、杂志、报纸、录音带、计算机软件等所需资料。

（2）确定精读的资料，并读懂、读透。

（3）按学习所划定的范围泛读，以达到广学博收的效果。

（4）借用别人的头脑"读书"。在有条件的情况下，把自己学习和了解的书，借给有一定素养的人阅读，让他把核心内容和要领归纳后告诉自己。如发现有遗漏或不明白处，自己再重点阅读。

（5）定向选读。把自己要学习的某个领域或某项目相关知识，选定针对性的书籍和资料阅读和学习。

（6）过多方式获取知识。不仅仅从书本、资料获得相关知识，还能通过与人交往来学习。如交谈、讨论、会议、报告、电视等方式，吸取大量知识和信息。

犹太人把读书和学习当成一生的事业。商人更以学识渊博为傲，他们认为知识和金钱成正比，只有掌握了更多的知识，才能在财富的王国里自由驰骋。

3. 知识还是一种特殊形态的财富，"不被抢夺且可以随身带走"

有一则故事：有一艘大船出海航行，船上的旅客尽是些大富翁，唯有一个人例外，他是一个有学问的拉比（智者或老师）。富翁们没事就相互炫耀自己所拥有的巨额财富。正当他们争论不休时，那位拉比却说："我觉得还是我最富有。只是现在我的财富不能拿给你们看。"半途中，海盗袭击他这艘船，富翁的金银珠宝都被抢劫一空。等海盗离去后，这艘船好不容易达了一个港口，但没资金继续航行了。

下船后，这位拉比因其丰富的学识和高尚的人格，被请到学校去教导学生。而那些同船旅行的富翁们，都陷入了朝不保夕的凄凉困境。富翁们才体会到"一个没有学问的人，等于什么都没有"。

知识是夺不走的财富。我们要学犹太人勤学不辍，用知识改变自己的命运。

5.3　最古老的财富法则

为什么我们的钱总不够花呢？为什么我们总是存不下钱呢？我们也可以通过自己的努力变成有钱人吗？我想这些问题都是我们曾经思考过的，可偏偏找不到解决的方法。这也是我们在学习理财时首先应该解决的问题。通过自己的学习和实践，实现财富自由后，人人都可以过上自己想要的幸福生活。

我读过《巴比伦最富有的人》这本经典理财书，作者通过讲述故事的方式向我们表达了投资理财最基本的原理。看完后我被深深触动。这本书最精华的地方，可以概括为以下 7 个获得财富的妙方。

财富妙方一：让你的钱袋鼓起来

这个法则是后面 6 个财富法则的基础，也是最为重要的。如果不能让自己的钱袋鼓起来，后面的所有都是白搭，跟自己无关。可是我们如何让自己的钱袋鼓起来呢？书中写道："当你每次放 10 个铜板进钱袋的时候，只拿出 9 个来用。这样，你的钱袋马上就会开始变鼓，而且越来越沉，用手掂着很舒服，同时也会让你的心里很满足。"

这个方法简单直接，用在我们现实生活中就是每次发工资时，先存下 10% 甚至 20% 或更多，用余下的钱来用于生活开支。只要坚持不懈地做到这一点，你的"钱袋"慢慢就会鼓起来的。这笔积攒下来的资金将是你的原始本金。所有的财富都是积少成多，也可以说是我们跨出了理财的第一步，强制性地存钱，为自己的财富人生打下了最坚实的基础。金钱是慢慢流向那些愿意储蓄的人。每月至少存入 10% 的钱，久而久之可以累积成一笔可观的资产。

财富妙方二：控制你的开支

能够做好这一点也确实不易，外界的诱惑太多，漂亮的衣服、名牌包包等，让我们眼花缭乱。如果想过上自己的幸福生活，一定要控制自己的欲望，把自己辛苦挣来的血汗钱用在刀刃上，让你所花的每一分钱的价值提高到 100%。

如果剩下的钱实在不够花，可以想法子省一点。比如想要去看电影，可以过段时间在网上搜来看；在外面就餐可以改在家里自己做，经济又实惠。最好是自己记账，看看自己的钱花在哪里了，怎么才能做到精明消费？只有做好控制开支，才有可能攒下更多。告诉各位亲，我每月攒下的至少是 20% ～ 30% 的收入哦！

财富妙方三：让你的金子增值

让你的金子增值是指让我们攒下的钱为我们工作，把钱用来投资理财。钱生钱才是我们最要学会的。可我们如何理财呢？可以向身边的理财高手学习，也可以自己买书来学，更可以向专业的理财专家学习。凡是可以让钱生钱的投资方法都值得我们去学习，理财是每位聪明人都应该学会的一种技能。

财富妙方四：避免失去你的财富

本金为王，风险第一，这是不论投资任何项目不变的真理。只有保住了自己的财富，才有机会让它不断增值。对那些不懂的投资项目，千万不要盲目介入，收益高的风险也高。比如股票，我看到好多股票小白，兴冲冲地拿着自己的辛苦钱进股市，半年或一年后都血本无归。我身边有好几位这样的人呢！

还有那些受骗的大妈，都是太轻易相信别人的话，什么小本投入高利息，往往到最后都是骗局，别说利息，本金都拿不回来。避免失去财富的方法就是学习，与智慧的人交流，不断提高自己的财商，避免自己辛苦攒下的钱落入别人的陷阱。金钱会从那些渴望获得暴利的人身边溜走。金钱的投资报酬有一定的限度，渴望投资获得暴利的人常被愚弄，因而失去金钱。缺乏经验或外行，是造成投资损失的最主要原因。

财富妙方五：使你的房子成为一项有益的投资

当我们在年轻时一定要努力拥有一个属于自己的房子，我想这是每一个中国人都有的梦想。10 年前买了房子的人们都为自己的决定点赞，再看看现在让人望而却步的高价房成为人们甜蜜的负担，特别是要用几十年的时间来还款，真是太不划算了。我还在想等我老了，可以把多余的房子卖掉，用这笔钱环游世界多美。

财富妙方六：确保未来的收入

确保未来的收入主要有两方面。

（1）当自己不在时，谁来照顾家人？我们可以用保险来规避这未知的风险。我就想到万一自己不在了，谁来养大正在读书的女儿呢？我用买保险来规避潜在的人生风险。

（2）当我们年老时，可有足够多的钱来支撑我们的晚年生活？这点也是我们在工作时就应该考虑到，我用交养老保险和每年连续不断地攒股票基金来解决。

世事无常，我们无法预知未来的变故，所以在年轻时规划好未来的事，才能在灾难来临时优雅从容地面对一切。

财富妙方七：增强你自己的赚钱能力

不断培养和增进自身的赚钱能力，除了努力工作之外，我们也要通过不断学习来提升自己的竞争能力，尽可能多地多维度开发出其他技能，能力强了财富自然也就来了。当我们拥有了一笔本金和足够多的能力时，可以尝试着开拓自己的事业，只有自己的事业才会赚更多的钱。在我看来，打工永远是饿不着，但也别想靠打工来发财。在我们没有能力自己创业时，还是默默地多学习，至少学会理财也是增强了我们的赚钱能力！

以上 7 条财富法则学会了将会让我们终生受用。

幸运女神偏爱付诸行动的人。

5.4 你的成本由别人决定

我觉得经济学是我们学习投资的基础知识，有了经济学的指导，思考事物时就不只考虑货币成本，也会考虑其他成本。什么是成本？北大经济学教授薛兆丰说："成本就是放弃了的最大代价。"

比如你本来是一名程序员，结果却偏偏热爱文学，决定辞职在家专职写作，那么你放弃了做程序员的代价就是你专职写作的成本。你觉得值吗？又例如你买了一块地，可以用来建居民楼，也可以建游乐园，或者用来建博物馆等，它可以有好多种用途。

我们只选建民宅和游乐园。建了民宅就不用建游乐园，游乐园就是民宅的成本；反过来，如果建了游乐园，民宅就是建游乐场的成本。一个资源，它有若干的选项，被选中的那个选项，它的成本是那些所有落选的选项当中价值最高的那个。简单说，成本就是放弃了的最大代价。

薛老师还说："你的成本由别人决定。"

刚开始我觉得，工作和生活都是我自己选择的，怎么是由别人决定呢？

举个例子：你有一间祖传下来位置很好的店铺，但你想用来卖小面，因为店铺是自己的，不用交房租，所以你想你的成本为零。其实这个想法是错的。铺租是谁决定的？不是你家决定的，是社会上所有其他人共同决定的，他们的看法决定了你卖小面的成本。如果有人愿意出 5 万元钱租这个店铺，那你卖小面的成本为 5 万元；如果有人愿意出 10 万元，那你卖小面的成本就 10 万元。

跟这个房子是谁的没有关系，坚持卖小面的成本，只跟一个事情有关，就是放弃了的最大收入机会。而我们的生命跟上面卖小面的店铺是一个道理。确实，你拥有自己的生命，但你的生命怎么度过、放在哪个位置上使用，是由社会其他人共同决定的。在我们年轻的时候，可以花很多精力去学习不同的课程，参加不同的社会实践，目的就是要选出自己兴趣最大、付出成本最低，而且在相当一段时间里，你的总收益最大的职位。

任何一件事物，都不只看其货币成本，还要看它的全部成本和货币成本之间的关系。每当我的朋友约我去超市抢购打折商品，我都会婉转谢绝，虽然看上去比平时省钱，可我为此花了时间，可能还会随便买些其他东西。

货币成本是低，但我的时间成本和买别的产品的可能性增加了，这些都是买打折商品的成本。所有这些加起来，才是我买打折商品的总成本。因此每当我们做决定的时候，不应该只看到钱，而要看到所有的成本。

你租了间距公司远的房子，但为此你付出了时间成本。你在超市里购物，货币成本是高一些，但你省了很多的时间，省很多麻烦，这时候你的总成本很低。

经济学家米尔顿弗里·德曼（Milton Friedman），他曾经给国家提出不少建议，好多都没有被接受。但是建议将征兵制改为志愿兵制，就被美国接受了。这对于国防总成本，提高征兵效率，提高兵员质量，有莫大帮助。我们花钱学习及订付费专栏，货币成本当然更高。但是比起那些免费的资源，我们能学到价值更多的可能性越大，这时候我们的总成本反而是下降的。

有选择就有成本，没有选择就没有成本。当我们没办法再做选择的时候，就不存在成本，这就叫"沉没成本"。比如我们选择了某个专业，在学了不久便发现这个专业并不适合自己，学费早已交了，不再是成本，可能当机立断重选专业的人很少。所以，"沉没成本不是成本"，知易行难。每当我们要做出决策的时候，总要问一个切中要害的问题，那就是我们还要投入多少才能得到预期的回报，这就是边际成本决定行为选项。

比如，我们有100万元。有两个方案，A方案投入100万元，就能得到130万元的回报。B方案投入100万元，就能获得200万元的回报。当我们还没有开始投入时，选B方案当然更好。

如果情况变成，A方案投入了80万元，再投20万元就能得到130万元的回报；而 B 方案还没有开始投，你要投 100 万元，才有 200 万元的回报。这时候，A 方案就比 B 方案更具吸引力。因为 A 方案的边际回报要比 B 方案的边际回报更高。

所以说 A 方案和 B 方案的比较，不是绝对的。它取决于我们在 A 方案和 B 方案里还要投入多少，才能获得回报。真正能够指导我们决策的，是在当前的时点下未来的投资回报率。

最后总结：成本就是放弃了的最大代价，你的成本由别人决定；做决定时不要只看钱，还要考虑其他成本；沉没成本不是成本，边际成本决定行为选项。

5.5　人最宝贵的财富是它

学以致用，把注意力放在如何应用读到的知识，改善自己的生活。

在几年的理财学习中，我发现自己有很多改变，特别是在消费和思维方式上进步最多。前几年，自我感觉生活很幸福，但是我向来比较节俭，工作或休闲时很少打车或者去买奢侈的衣物首饰。家里的卫生从来都是自己动手做，也没觉得有任何问题。

可看了许多书以后，我发现富人往往更重视学习和时间，他们会为了拥有宝贵的时间而出钱买别人的时间和为自己服务，穷人往往为了省钱而浪费自己的时间。记得以前，我常常为了坐公交车，在风雨交加的车站苦等几十分钟；为了买一件心理上更好更优惠的衣服而逛大半天的商场；或者为了某超市打折而排队很久……

那时的我以为这样做节省了钱，却忽略了时间成本与机会成本。比如，你约女生看电影，为了省钱，你坐公交车赴约。结果等你匆匆赶到了电影院时，却错过了开场的时间，女生也失望离去。时间成本与机会成本，孰轻孰重，一目了然。现在，我再也不会干这些傻事了。我要把最宝贵的时间都用在提升自己和陪伴家人上，不会为了钱而浪费时间。

所以，当朋友打电话让我去买打折的纸巾或衣服时，我都婉言谢绝，一箱纸巾也省不下多少钱，何况还要花去我几个小时的时间，我是万万不肯的。这几个小时，我都可以看完一本书或写一篇文章了。每个人的时间都是有成本的。把时间浪费在等车、抢购一大堆可有可无的打折商品上，很不划算。

现在的我非常赞同李笑来老师的观点：注意力是我们最宝贵的财富。从价值上来看：注意力＞时间＞金钱。凡是能用钱买来的时间就是便宜的，凡是能用时间换来的注意力持续就是有价值的。

想明白这些后，我就主动花钱买时间，比如加班后打车，把用来等车挨饿的时间用来看书多好；花钱请人做家里的卫生，每月 300 元就可以得到每周六整个上午的时间，超划算。我陪女儿的时间，看书和写文的时间都充足了许多。把时间用在让自己提升和陪伴家人上，真是人生大幸。许多人把时间用在"葛优躺"看电视，刷 N 次朋友圈，打麻将或逛折扣商品，我想是因为她们没明白时间的宝贵。老天是很公平的，这世上不论任何人，每天 24 小时是永恒不变的。

著名的苏联昆虫学家亚历山大·亚历山德罗维奇·柳比歇夫，通过用他所独创的"时间统计法"在一生中获得了惊人的就成。他生前发表了 70 多部学术著作。其中有分散分析、生物分类学、昆虫学方面的经典著作，这些著作在国外广为翻译出版。各种各样的论文和专著，他一共写了 500

多印张,等于 12 500 张打字稿。即使以专业作家而论,这也是个庞大的数字。

柳比歇夫的遗产包括几个部分:有著作,如探讨地蚤的分类、科学史、农业、遗传学、植物保护、哲学、昆虫学、动物学、进化论、无神论。此外,他还写过回忆录,追忆许多科学家,谈到他一生的各个阶段以及彼尔姆大学……柳比歇夫的日志是把每天所做的事情用了多少时间全部记录下来,从来都不浪费一丁点时间。所以,他的一生才有如此辉煌的成就,这种大神级的境界,让我高山仰止,知易行难啊!

人生最可怕的就是,那些比自己聪明能干的人都在努力精进,而自己却浑然不知。认识到时间的宝贵后,我也开始每天记录时间开销,至少让自己知道时间都花在哪里了。至少,我们都要尽量把时间花在有利于自身成长上。比如下面几点:

积累知识

磨炼技能

思考未来

提升审美

反思总结

创造价值

经营人脉

……

"时间管理"真是我们每个人应该好好学习的技能。它教我们如何设定任务目标,如何把任务分解,先完成最紧急重要的,设定好完成的时间,学着把控好自己的工作效率……时间匆匆流逝,在紧张的工作之余,我们该如何获得高质量的休闲满足呢?那就是找到并保持至少一项长期的业余爱好，让它在时间的深度与长度中慢慢生长，可能会得到始料未及的成就。

在如何花钱和花时间，穷人与富人之间差别很大。富人会想办法花别人的钱和别人的时间为自己办事，留下大量的时间来思考和学习；穷人往往辛苦地工作，生活中要么省钱，要么全部花光，从不舍得花钱投资自己和规划自己的人生。如果你想过上优雅而美好的生活，从现在开始就好好管理好自己的时间，把它花在自己的成长上面，学习投资理财也是一项长期而漫长的活，你只要花时间和精力学习并实践后，才会得到想要的资产增长。

欲速则不达，我们给自己订一个小目标，慢慢想办法完成它。要想成为富人，一定要坚持和执行目标，思维改变了，你离成功就不远了。一定要记住，注意力才是你最宝贵的财富。

5.6　经历过这些，你就该好好理财了

理财是一种生活理念，它应该贯穿到你每天的生活当中，只要你做好了理财规划，就应该按部就班地执行。当生活出现不可预料的突发事件时，你才能从容优雅地面对，在需要用钱的时候才不会抓瞎，让自己陷入无钱应对的困境。

1. 世上的喜剧不需要金钱就能产生，世上的悲剧大半和金钱脱不了关系

女孩优是一位很乖巧的女生，马上就要参加中考了，她的成绩非常优秀，一直都是全年级前一二名。优深得老师喜爱，在老师和同学眼里优是

前程无量，考重庆最好的高中是她的目标。可是优摊上了不负责任的父母，在优几岁时父母就离婚了，优先是跟着母亲住外婆家，后来又跟着父亲生活，一直居无所依，更多时候是在老师家寄居。

现在父亲外出打工，抛下 15 岁的女儿任其自由生长。因为没有自己的家，优住在出租屋里，父亲会不定时寄她一点生活费，更多时候都是优一个人孤独地生活着。优的独立和对学习的不懈努力让我感动，多懂事而自律的一个女孩啊！我想劝她来我家住，优婉言谢绝，说出租屋离学校近，她上学方便一些。

我女儿邀优到家玩的时候，优总是很有礼貌，文静懂事的样子惹人怜爱。孩子的心智还没有成熟，遇到别有用心的坏人引诱，她又怎么懂得自我保护？如果她是我的女儿，我想自己一定会特别疼爱她，多么优秀的一个孩子啊！

别说只是一个小孩子，就是成年人，没有钱也寸步难行，真不敢想优的父亲不寄钱给优，优又怎么生活下去？

"等你长大了，自己挣钱时，一定不要乱花钱，把一部分钱存起来，慢慢学着理财，不要像你父亲这样，一生像浮萍，没钱没存款，更没有自己的房子，几十岁还四海为家，让你受尽磨难。"钱不是万能的，没钱是万万不能的。每当我给优讲话时，她总是听得很认真。

"你已经很乖巧了，知道自己努力学习。记着，长大一切都要靠你自己。"优的眼睛明亮而热烈，我在她的眼里看到了坚韧与期盼。

2. 没有钱是悲哀的事，但是金钱过剩则更加悲哀。

周先生是一个会挣钱也特能消费的人，因为是单身，他总是说存钱干什么，过好一天是一天，是典型的今朝有酒今朝醉的月光族。周先生经常和朋友到外面聚餐，餐后又是打牌宵夜等，日子过得很是惬意。周先生的房子是父母留给他的，他自己存了一点钱，看着朋友都有车，他也把存款全掏出来买了车，还说要在工作之余做滴滴司机，顺便赚点外快。结果没几个月，滴滴业务不好，他也就草草收场，用他的话来说赚的钱还不够交油费。

在外人眼里，周先生的生活很幸福，有车有房，天天在外面吃香喝辣，真是个快乐逍遥的单身汉。勾搭妹子是手到擒来的事，只要他愿意随时可以找妹子结婚。有一天，大家一起吃饭时，意外发现周先生很沉闷，寻常乐呵呵的笑容没有了，话也很少。一问才知周的爸爸突然生病，住进了医院在抢救，在重症监护室里费用惊人，医生说每天最低也要花4 000～5 000元，住多久要根据病人的情况而定。

而周只有几千元存款，巨额的医疗费用让他陷入困境。如果拿不出钱，就只能从重症监护室搬出，而他父亲就只能等死。想到病床上的陷入昏迷中的父亲，周被无助和绝望吞噬着。特别是想到自己的房子都是父亲留给他的，而他却只能眼看着父亲生病，却拿不出钱来医治，懊悔和自责快要生生逼疯他。"实在不行，只有卖了房子救父亲。"周自言自语道。没钱，真是要命！

3. 狂热的欲望，会诱出危险的行动，干出荒谬的事情来

方君是家里八个兄弟姐妹中的老三，上面有两个姐姐，他是大儿子，后面有三个兄弟，两个妹妹。本来这么一大家子人，母亲健在时一家人还和和美美。谁想，母亲离世后，方君因为母亲留下的一套房子，弄得众叛亲离，全家人都不再与他往来。

原来方君没有正式的工作，凭借母亲的房子做起了小本生意，那时家

人都因为母亲还健康，方君也照顾着母亲，众人都没有任何意见。几年后，母亲意外病故，不久后其母亲留下的房产面临拆迁，方君背着家人，直接把房产办在自己名下，独吞了母亲唯一的房产。

方君的举动激怒了家里的其他兄弟，不管是从法律还是从道德上来讲，方君的行为都是让人所不耻的。最后他的兄弟把他告上了法庭，要求重新分割母亲的房产。因为钱，兄弟情早就破裂。等待方君的将是老后凄凉的晚景。出来混，总是要还的。套用网上流行的话："哪有什么岁月静好，都是有人在替你负重前行。"

这世上之事，因为钱，种种纠纷和人性之善恶都无处遁形。只有经历过，才知道钱的重要性，只有深刻悟到理财的好处之后，我们才会由内而外地按预算过好每一天，时时刻刻提醒自己，我以后一定会过得很幸福，所以现在承受的所有清苦都是值得的。

理财就是自律地生活着，为将来做好准备。

人生逆转：
理财奋斗记

怎样把钱越花越多

说到花钱，很多人肯定会笑"只有傻瓜才不会花钱。"是的，大家都会花钱，很多人还会想到刷卡购物、节约用钱、勤俭持家等。其实很多人对花钱都存在误区。日本金融界大伽野口真人说："真正会花钱不是省钱，而是把钱越花越多。"可是，怎么才能把钱越花越多呢？首先我们应该区分三个钱包，即投机钱包、投资钱包和消费钱包。

第一，投机钱包，是指花钱做撞运气的事情。比如买彩票、赌博、炒期货等，偏执地想着它没准就会发大财。这类钱包建议不要用，因为投机这种事是完全超出我们掌控的，为了快速挣钱而忽略了风险，其本身就很危险，弄不好会败光自己所有的血汗钱。

第二，投资钱包，是指花钱买未来可能会赚到更多钱的机会。花这个钱包里的钱一定要多多益善，因为钱花了之后还能赚到更多。比如定投基金、买股票、投资创业等。特别是投资自己，花钱给自己上培训课，各种学习充电，或是对子女的教育投入很多钱，这些都是非常值得的投资行为，未来可能会产生巨大收益。

第三，消费钱包。消费钱包是指为了满足个人欲望而进行花钱的行为，比如买衣服、买首饰或包包等。适度消费怎么才算"适度"呢？分享给大家两个花钱的小技巧。一个是要看钱花得值不值，既要看价格，还要追求消费本身带来的满足感。比如，买一件贵但有品质的衣服就比买 10 件便宜货会花更多的钱，因为前者无论是心理满足感还是实用价值都更高。

另外，尽可能用投资钱包赚来的小部分钱消费，这样你的总资产还是在增加，不会因为消费而损失本金，从而影响赚钱能力。多用投资钱包，适度用消费钱包，避免用投机钱包，这就是学会花钱的基本原则。在这基础上，你还要知道一个重要的原则才能把钱越花越多，那就是"只买以后会更值钱的物品"。

我有个聪明的朋友舒，她的钱就是越花越多。舒买了新房，她装修成中式，我到她家做客，发现几乎所有的家具都是红木，房间被她布置的古典而优雅，尽显主人沉稳大气的品位，很是佩服舒的聪明睿智。红木虽说很名贵，一套下来几十甚至上百万元，可是大家都知道，真正的红木家具是越用越值钱。也就说她们家不但在享受着高档家具所带来的幸福感，而且这些家具还在不断增值。所以她的钱是越花越多。她不是花消费钱包，而是在花投资钱包，对吧？

如果舒当初买的一些高档的欧式家具和进口的真皮沙发，新买来时还是时尚大方，可几十年后呢？就算是再名贵的真皮沙发，能用到 20 年都算寿终正寝，物尽其用，卖了也不值几个钱，更可能当废品丢掉，哪有可能会升值呢？买这样的家具就是花消费钱包，与投资钱包一点边都沾不上。如果换作是我们自己，我们选择怎么花钱呢？怎么做才能确定自己买的东西以后会值钱？怎么估算物品以后的价值？从经济学角度来说，几乎所有的价值都可以折算成金钱来比较。

例如，你要给孩子选中学，现在有两个中学可选。一个正常户口所在地普通学校，2 万元；另一个是市重点中学，8 万元。该怎么选呢？首先，对不同的人，同一件事情或物品在未来的价值是完全不一样的。假如孩子本来学习就很优秀，那么她上一般的学校也会是尖子生。那么，选 2 万元的学校也是好的。如果孩子学习成绩不是很理想，而重点中学里的师资力量和学习氛围比普通高中更好，那么为了让成绩一般的孩子有机会接受更好的教育，与其他优秀孩子做同学，花 8 万元进重点中学也是值得的。

当然，不要忘了算一下折现率。折现率是什么？由于通货膨胀的缘故，未来的钱没有现在的钱值钱，5年后的10万元估计只相当于现在的7万元。所以，在计算未来收益的时候，就要给未来的钱打一个折扣，这个折扣就叫作折现率。

折现率让我们懂得，总数是一样的情况下，越早拿到越多的钱，你的折现损失就越少。当然，随着时间变化的不只有钱的价值，还有我们自己的价值观、喜好、状态等都在变化，这些都是要考虑进去的因素。

最后总结：学会区分三种钱包，要买以后会更增值的物品，才能把钱越花越多，我们都要努力做一个会花钱的人。

6.1　记得每月先付薪给自己

1. 先付薪给自己

莎士比亚说：人们可支配自己的命运，若我们受制于人，那错不在命运，而在我们自己。

你说想学理财，更渴望财富自由。那每月工资发下来，你是怎么分配薪水的呢？是立马还刷爆了的信用卡，还是和朋友一起去吃喝玩乐犒劳一下自己，或是立马去商店把看中的衣物和包包买回家。只有极少数的人工资到手后总会转出部分钱进行投资理财。

很明显，只有最后极少数人的做法是正确的，就是"每月先付薪给自己"。先付薪给自己，不管收入有多少，都应该成为你的首选。换言之，就是每月发薪水的时候，先存一笔钱用于投资，余下的钱再用来支付生活中的支出和还债，即使是月光族或负债族也要坚持这么做。

如果觉得很难坚持下去，可以采用自动扣款模式。就是与银行拟定一个自动扣款协议，每月自动从你的薪金当中拨款 15% 或 20% 到你选择的投资产品中去。比如在银行理财产品里定投某类基金，薪水到账后定投会自动转走款项。操作简单便捷，很轻松地让银行帮你先支付给自己。

其实这也是强制存储的一种方法，能够每月最少从收入中存 10% 用于投资，时间长了也能攒下不少本金。存储是踏出理财最坚定和关键性的一步。

2. 盘点资产，实行断舍离

在学习理财前，我们自然先要了解自己的资金情况。做个 Excel 表格，列出自己的收入、支出、资产、负债等资产状况。自己有多少钱、每个月花了多少、钱都花在哪里，这些要心中有数。最好在手机上下载个记账 APP，例如随手记和 Timi 记账等，用这些 APP 记账方便快捷，有助于你掌握平时消费情况和数据分析。

断舍离式的生活主要包括以下几点：

（1）清除多余账户，偿还信用卡等债务，减少利息或短信费支出，提高购买力和投资力。

（2）整理橱柜和衣柜，清理囤积物，把闲置多年不用的物品放在"闲鱼网"上卖掉。

（3）注重物品的实用性，花钱买回物有所值的物品，钱要花在刀刃上，做到购物少而精。

（4）辨别资产，保留足够的备用金后，将多余的钱投入到能够抵御通货膨胀的资产当中。

（5）理财是一种生活方式，要不断学习和优化，能自律做好量入为出，财富才会积少成多。

3. 投资理财

投资根据自身的情况分为两种：

（1）如果你上有老下有小，还有房贷车贷等，根本无法承受任何风险，那你最好选择最保守的投资法。比如，选择银行的理财产品，或买风险低的国债，或者投少量的资金（10% ～ 20%）买股票或股票基金。

（2）如果你很年轻几乎没有负债，就可以尝试高风险产品换取高收益，即便是亏了钱，还有机会重新再来。再说年轻时也没有多少钱可以用来投资，这阶段用来学习投资理财试错也值得。除了时间，你并未失去太多，经验比钱更宝贵。你可用定投的方式，把钱投资在股票型基金或股票上，让其自动扣款，每月定期定额投资。享受高风险带给你的快感，体会失去金钱的心理压力。

也可以用"以租养贷"的方式投资房产。但我估计找这么高性价比的房子很难了。

投资自己是最好的理财。学习理财的同时，不要忘了把钱投资在自己身上，提高职场多维度的竞争力，只有自己强大了，才能获得升职加薪，薪水的涨幅肯定比理财得到的收益更多更好。

你的任何选择都是有成本的，有时别只盯着钱，还要想想其他成本，比如时间成本和机会成本。因为学到了有用的知识，你比别人懂得多很多，所以你成为稀缺性人才，才会得到更多更高的报酬。

为了学好理财，我自己就买了很多理财书学习，还定了薛老师经济学课和李笑来老师的财富专栏。学这些都是为了更深层次去学习和领悟关于财富的所有相关知识。其实理财就这么简单，跟我们平时反复说的相差无几。估计大家也都知晓，真正理解后实际操作的又有多少人呢？没有执行

的梦想只不过是幻想。理财就是自我成长和不断学习的开始，一切都要靠
自己实际操作才能真正领悟到其中的真谛，你才会离财富梦想更近。

6.2　一块钱也别放过

　　我记得小时候家里日子过得很紧巴，父母都是普通工人，爷爷辈又都
去世得早，父母要养活我和弟弟很吃力。所以初中毕业，我就放弃了读高
中，选择了去我爸厂里的技术学校学习。学校是我爸所在的集团公司为照
顾职工子女而成立的，专业课程并不难，而且每个月都会发一点补贴费。

　　我记得每个月是 20 元左右，读这个学校也是为了减轻父母的负担，
两年后我就能顺利进公司上班，自己养活自己。20 世纪 90 年代的 20 元，
一个月中餐费加月票费是足够了。从那时起，我一般都不会再向父母要钱。
家里的钱几乎都用在我弟弟身上，他是儿子，成绩也比我好，父母培养他
我也挺支持。

　　有一次，我弟弟想买点自己喜欢的东西，问我有钱没有，我很淡定地
从抽屉里翻出一本存折，上面有我攒下的 10 元钱，我把存折交给了他。
当他看到存折的数字后，他惊诧的眼神至今记忆犹新，在他心中我简直就
是神一般的存在着。现在想想，我的理财意识很小就开始萌芽了。

　　天知道一个月我只有 20 元左右的收入，除了吃饭和坐车，哪还有什
么钱呢？我是如何省下来这些钱的呢？我自己也记不起来。那些上班了很
多年，居然没有存下钱的人，我都不知道他们的钱是怎么给花光的，经常
还要靠借钱熬到发工资那天。

　　我弟花钱才叫潇洒。有次我和他在杭州吃饭，也是为庆祝我在杭州找

到了工作，他点了好几个菜为我庆祝，酒足饭饱后，他叫来服务员埋单，我发现连他账单也没有仔细看，直接就给了钱。当服务员把找回的零钱给他时，他却很潇洒地那么一挥手，不要了。

哇！我看那零钱也有十多块，为什么他不要呢？出来后我问："你发财了吗？"

"没有啊！"

"那怎么找你的钱都不要？"

"这点钱又不多，就算是给她小费好了！"

"没发财还穷大方，给她不如给我啊！"

"我现在挣的钱足够花，你也不会少这点钱吧！"

"你啊，有点钱就不知道自己姓啥！"

这就是他，30来岁挣了些钱，却花钱如流水，从来不计划攒钱和买房，到现在还在外地打工，小钱看不上，大钱赚不了，即便是手上赚到一些钱，他会很快花光，典型的穷忙族，永远属于挣扎在挣钱生活边缘的人。我都替他难过。

朋友伟，是一位单亲家庭长大的孩子，他妈妈为了供他读大学，把家里唯一的房子都给卖了，母子俩在租来的屋里过日子。读大学时，伟和他妈都过得异常拮据，有时为了交学费吃住都是最差的，看着伟消瘦的样子便知道是缺乏营养，他妈妈更是打两份工来维持生计，不由让人心酸。

听其他朋友说，他妈妈为了少花钱，常常在傍晚去菜场，买别人的收摊菜，甚至还捡别人丢弃了的青菜……生活的艰辛从来都不会对任何人手软，该吃多少苦，一点都少不了。

还好，几年后伟毕业了，因为成绩优秀，找了份银行的工作，家里的条件就慢慢有了改善。几年后，偶然在路上遇到伟的母亲，老人家看上去红光满面，穿着一套质地不错的深蓝色裙装，模样看上去竟比前几年年轻了许多。聊天中才知道，伟工作很努力，发了工资从不乱花，在本职工作外还找兼职做，前段时间还买了套 70 平方米的套房。看着老人家说起儿子时自豪的模样，生怕说得不够完整。

好在，吃过的苦头没有白费。伟也是个聪明理性之人，按理说他上班了应该消费也不少，可他偏偏很节省，既开源又节流，不动声色地在努力攒钱。连我也没想到他会在工作 4 年左右就买了房子，据说总价是 70 多万元，就算首付也要 20 几万元，这小子还真是不赖！难怪伟的母亲看上去神采奕奕！看着伟这样努力，估计老人家的晚年也不会太差。人这一辈子啊，总是那么地峰回路转。

我总是相信生活从来不会亏待所有勤奋努力的人。

有时在想，人和人怎么差距这么大呢？小钱不看上，大钱真的就很容易挣到了吗？其实有这种心态的人，大多都是好高骛远，钱只喜欢尊重它的人。就好像走在街上，地上也不知谁掉了一块钱，能把它捡起来的人很少。多数人会视而不见，钱太少，难得弯腰捡，被别人看到了还感觉丢人呢！

有这么个故事，有位老太太去机场等人，她提着行李焦急等候时发现自己尿急，这时有位男绅士走来，问她是否需要帮忙，那老太太实在内急，就托那位绅士照看下她的行李。等老太太回来后，为了表示感谢，她付了 1 美元给那位绅士。当等到她的熟人后，她才知道那位收她小费的绅士居然是比尔·盖茨……

全世界最有钱的人都不嫌 1 美元少，难道我们还嫌 1 元钱少吗？只要是钱，都不应该嫌弃它，要想办法让它变得更多才最聪明。我在浙江时，感觉浙江人特勤劳和智慧，其中义乌人对我影响最大。义乌人几乎早上 5 点就起床了，拉着大量的货去批发市场开店。他们像辛勤的蚂蚁一般，从来不感觉到辛苦和劳累。

而且他们赚到钱从不乱花，都会用来建楼房。我曾经问过一个义乌老板娘，为什么大家都建这么多房子？而且有这么多钱不舍得花？她说如果没楼房也没钱，所有人都会看不起她，于是大家都努力做生意赚钱，没有人会偷懒。

还有个老板跟我聊起，他那时去外地做生意，回家乡时赚了一麻袋的钱，可他都不舍得坐卧铺。就买了硬座票，把装钱的麻袋随意往座位下一丢，就这么坐火车回来了。天哪！我惊讶到嘴里可以放个鸡蛋了，他说那时赚钱跟捡钱一般，特容易。只是有钱也没地方花，除了买地建房子外，就不知道把钱咋整。如果政府同意，他甚至可以买下一整条街来出租……

也许很多人不信，以为我在吹牛，可义乌人真是有这么牛。他们的义乌批发市场不但面向全国，很多货都远销到国外市场，很多外国人都慕名前来购货，尤其是东欧人特别多。义乌人做生活的经营理念就是赚小钱，很多商品的利润都不到 1 元钱，某些小商品甚至不到 1 分钱……

那些卖纽扣、渔线、发圈等，利润都极低，他们全靠量大来赚钱。在义乌，一年挣几十万元甚至上百万元的人比比皆是。如果想一口吃个胖子，别人肯定也不会给你这样的机会，市场环境就这样。这些老板都很谦虚，说自己没赚多少钱，向来低调，穿着打扮也不讲究。我赞义乌人是中国的犹太人。

犹太人是公认的全世界最会赚钱的人，只要是有机会赚到钱，不管赚多少他们都接下这笔生意，不是挣多挣少的问题，而是赚钱的一种本能罢了。只要是钱，不管多少尽力去赚。其实很多大富翁、大企业家都是从挣小钱起家的。从小钱赚钱可以培养起自己的自信。当你赚到一笔钱时，就会对自己的能力有进一步了解，就会相信自己也有把事情做大的可能。

挣小钱，是为了赚大钱积累经验；挣小钱，即培养踏实做事的态度；挣小钱，投入不多风险也不会大。就是有这种"小钱也要赚"的经营理念，犹太人才会一往无前，所向披靡。那些老想着一步登天的人，才该反省。千里之行，始于足下。从自己的实际出发，勤奋努力，踏踏实实赚钱，才能有机会实现自己的财富梦想。

写到这里，送你几个省钱的小技巧。

俗话说：赚钱犹如针挑土，花钱犹如水冲沙，我认为很对。现在物价飞涨，工资却跟不上，赚钱极为不易。

那我们该如何精明的消费，省下一些不必要的费用呢？我总结出几点，与大家分享。

1. 不囤货、不胡乱买买买

疯狂购物多发生在双 11 或商场打折时。比如我爸会在超市打折时买很多瓶酱油，我真担心他们在保质期内能否吃完；我曾在双 12 当天，脑子一热买了一整箱的抽纸，一年了都还没有用完。

这些看似省钱，却并非如此，特别是食品，买的时候千万要看下保质期，如果买了 N 多，没多久却又要过期，最后得不偿失。

2. 购衣物少而精，不狂买廉价物

每个女人的衣柜总是缺一件衣服，这是几乎是所有女生的烦恼。真的是衣服太少，不够穿吗？非也，我们的衣柜总是挂满了各种衣物，有的甚至买回来都没穿，怎么会少呢？只是人都有喜新贪旧的毛病，总渴望自己没有的物品。爱美的女人，哪能受得了自己没衣服穿的苦日子。

穿衣特能彰显个人的品位，不要狂买那些低档货，其实买十件低档衣物，还不如买一件高档的衣服来得划算。越是价高的物品，越能彰显品位，你才会越珍惜，才能物尽其用。断然不会像廉价衣物买回来就束之高阁，被无情地打入冷宫。

买衣服要买适合自己的，能搭配其他单品，且质量一定要好，容易打理的。比如风衣、小黑裙、米色外套、牛仔裤、白色内衣等等，这些都是必不可少的单件。

如果穿纯色衣物再加一些丝巾、帽子、墨镜等小配饰，一定会让你穿得灵动而优雅，魅力四射，成功俘虏大家的眼。

3. 把在外聚餐改为家庭聚餐

请家人或朋友吃饭时，可以自己动手在家里做，尽量别去餐馆消费。在餐馆就餐，不但贵还有卫生隐患，试想我们明明花了大价钱，却可能吃下不少地沟油而不自知，这是多么大一个坑，多花钱不说，身体也受了伤害，真心不值。

真不如自己动手在家聚餐来得划算，自己动手即省钱又环保，还精进了厨艺，多好！我认为在家聚餐，其乐融融，温馨又实惠，超赞！

4. 去超市购物前列清单

去超市购物时，你有清单吗？我以前去超市，看着什么都要买一点，原来只想买几件，一不小心，买回家一大堆物品，而且很多根本用不上。

后来，我弄了个冰箱贴纸，什么东西没有了，就立马写上去，一周下来，就自动生成了清单，这些都是必用品，拿着它去超市，一件件买回来就 OK。用清单购物既不会少买，又杜绝了乱消费，购物效率高又省钱，很爽。

5. 拼车，尽量不要购车

滴滴打车估计大家都坐过，而我，平时一般很少打车。除非加班累了或有急事，我才会打车，不急还会选拼车，拼车比单独叫车更省钱。我特意试过，从公司打车到我家要花 20 多元，而拼车，只需 12 元左右，还是能省很多哦！

现在大多家庭都有私家车，我同事和朋友她们开车上班。我也想有自己的车，驾照学了却没车，心塞得紧。但我仔细算了算，每个月光养车费都要 2 000 元左右，渐渐就打消了此念头。与其买个消耗品回来，还不如把钱拿来投资女儿和自己的提升。

所以我认为年轻人，在没有多少积蓄的情况下，尽量不要先买车，把钱用来投资自己更好，有了职场竞争力，才好升职加薪，前途无量。

6. 信用卡优惠

很多信用卡都有优惠活动，比如在某个电影院看电影 5 折，或者在哪些餐饮吃饭 8 折等等，这些活动就需要你消费时，看一下信用卡的活动，有优惠活动当然要参加。

比如，前几天我请好友吃饭，挑了一家招行指定的火锅馆，消费了 260 多元，刷的招行的白金卡，因为白金卡的活动可以省几十元钱，最后我只支付了 198 元就买了单，很划算吧！所以，巧用信用卡，省钱又便捷。赞！

7. 多余的物品放闲鱼网上售卖

去年，我看了《极简生活》这本书后，非常赞同作者的观点，速速也开启了自己的极简生活。根据断舍离精髓，我丢弃了家里许多常年不用的物品，也不再各种买买买，甚至挑出一些完好的旧物，挂到闲鱼网上售卖。

比如包包、书还有鞋子，价格虽低，但收回一点算一点。

记得十年前，我特别爱看知音，那时每本 3.5 元。一年后，堆积起来的知音书成了废品，但丢了我也又舍不得，最后我把书拿到夜市 1 元一本全卖完。

如果小伙伴也囤积了旧物，可试着出售旧物，换回一些银子，我想当你低价卖出了旧物后，贱卖的悲痛心理会刺痛你的记忆。如果因此能抑制住你冲动购物的坏习惯，那就更值了。

8. 给朋友的生日礼物可以自己制作

朋友过生都需要送很贵重的礼物吗？其实不然，只要礼物能表达你的心意就好。有次我一个远方的好友过生，我没有送钱也没像寻常一样寄贵重的礼物，而是在唱吧录唱了一首视频歌送给他，在里面我还加上一些祝福语，祝他生日快乐！后来他转发到朋友圈，得到了狂多的赞，我想他应该很受用，据他说是收到的最特别最有意义的生日礼物！

你也可以 DIY 一些特别的生日礼物，比如用手机 APP 做朋友的照片集，甚至还可以把朋友的照片集做成一本精美的相册，我想不管是家人或朋友，能收到这种花了心思做成的礼物，一定能打动他们的心，这样我们花不了多少钱，还收获了满满友谊，甚好！

这些都是我在生活中总结出的一些省钱小窍门，希望对你有些许帮助。当然，我们只在不降低生活品质前提下省钱，绝不是抠门，该花钱时还是要花，本来我们赚钱就是为了让自己过得更好，做个即有品味又会优雅花钱的人，真好！

要成为有钱人先认真思考"怎么过，日子才精彩？"以及"心里的渴望及梦想是什么？"这两个问题。分清楚要"想要"与"需要"，人生才

没有白活，成就千万财富、亿万人生才有可能。

6.3　聚沙成塔，小钱也能变巨款

有朋友问"20 或 100 元的小钱也能理财？"我回答："当然可以的啊！"

中国人民银行新规定：一个人在一家银行将只能开一个Ⅰ类户，再新开户的，应当开立Ⅱ类户或Ⅲ类户。那些在同一个银行开了 N 个账户几个月不用都会被银行销户。所以，我们就应该把不用的银行卡主动销户，把那些不起眼的小钱转到一张卡上，把不常用的账户的短信通知关闭，这样也方便理财和管理，也避免银行扣各种费用。

我估计许多人的银行卡或存折里，都有 20 或 30 元的零钱取不出来就不管了，觉得取起来麻烦，不知不觉就让这些不起眼的小钱被银行扣光。其实这些不起眼的小钱一样可以理财。

1. 基金定投（10 元起投，还能享受收益）

对于那些大家看不上眼的小钱，定投是一种不错的理财工具。在天天基金上，10 元就可定投，可以每天定投，也可以选每月，一般 5% 左右收益是有的，选到好基金 15% 甚至更高的收益都有可能。我以前在招商银行上买基金，混合型和股票类基金的申购费都是 1.5% ~ 1.6%，天天基金上只有 0.16%，故果断转到了天天基金上购买，如果定投量多，手续费也能省下不少。

2. 互联网理财（1 元钱也可以理财）

现在很多银行和互联网理财产品，例如招商银行的朝招金、手机日日盈、阿里余额宝、微信零钱理财、好规划随心攒等，它们几乎全都是 1 元起购，收益在 3.7% ～ 5%，随时取用，灵活方便。我的现金几乎都放在这些理财工具里，当作紧急备用金。

3. P2P 理财（500 元起投，年利率更高）

我钟爱的 P2P 理财，短期和中长期都有，而且只需 500 元就可以起投。年底了，很多 P2P 平台都有加息，力度较大。我用的还是微贷网和合时代，各有各的优点。当然还有更多的平台，大家都可以试用一下，安全了再多加钱投入。

4. 银行的零散钱，也要积在一起理财

正如本文开头说的，先梳理一下自己的银行卡，把那些不用的银行卡里所有的零钱取出来，不用的卡都注销，最好拿一个好用的银行开通网银和手机银行。留几张常用的银行卡，省去了过多的银行管理费和短信费。最好再开通资金归集功能，这样其他卡上的钱就可以都转到一张卡上，方便自己管理，也省去了跨行转账手续费。

5. 开通银行理财，活期也能自动理财

活期上的零钱自动理财，这是要自己到银行开通理财才有的，一般银行活期利息只有 0.7%，一个月下来几乎没啥利息。可我开通了理财功能后，一个月活期利息至少也有几十上百元，如果有大笔闲散资金取不出（节假日），一个月下来也能有好几百元呢！

可以开通招商银行，光大银行，农业银行等，主要看你自己喜爱哪家银行。把这些多收来的利息再投入到定投或 P2P 理财产品里，积少成多，一年下来也是一笔不小的财富呢！总之，在我们没有足够多的本金，一定不要小瞧了这些小钱。根据以上这几种方法，把所有小钱都利用起来，坚持积攒下去，聚沙成塔，汇水成海，多年后，你的小钱也能变巨款！

金钱会留在懂得保护它的的人身边。重视时间报酬的意义，耐心谨慎地维护它的财富，让它持续增值，而不贪图暴利。

6.4　拥有自己的"睡后收入"——超爽

某个清闲之日，我细细回顾了一下自己的前半生。成年后，赚钱最累的就是出售自己的时间。换言之，就是打工。打工真的很辛苦，售卖自己的时间，且只能得到微薄的薪水，还要在公司低眉顺眼地拼命干活，加班累成狗也不敢提加薪，身不由己地挣扎着过活。

现在打工者的压力太大了，许多人甚至是用自己的生命在挣钱。经常能看到网文写某某猝死在家中，心情格外沉重。虽然我过得也不轻松，独自抚养快上高中的女儿，但我却巧妙地运用了理财知识，为自己的生活建了好几条长期的财富管道，虽然现金流不大，但已初见成效。

《管道的故事》这本书上说：可以通过投资组合如房地产、国债、股票、基金、养老保险等建立起长期管道。任何一个有足够判断力和自律性的人都可以建造自己的"管道"。工作，只是提供我们温饱，并不能让我们变得富足，更不可能让我们实现财务上的自由。要想得到更多的财富，只有在工作之外建立自己的"管道"。

受这本书的影响，我在工作之余，努力地开始建立起属于自己的"管道"。现在给大家说说，我建立的这几个"管道"。我也称其为"睡后收入"，真正拥有"睡后收入"——超爽！

1. 股票——让利润奔跑

股票怎么就成了"睡后收入"了呢？只要是不需要花费多少时间和精

力，也不需要照看，就可以自动获得的收入，都称"睡后收入"或"被动收入"。股票、基金、P2P 等都是"睡后收入"。

我投了 A 股也投资了美股。美国股市是周一至周五，北京时间晚上 21：30 分开盘，我买来后几乎不关注，很多时候都忘了还持有美股。写到这里，我想到了前几天微信有个加为好友的消息，那人居然能说出我的名字。我也没多想，直接就把他加为好友。打过招呼后，他说自己是财经首席评股师，热情地询问我的股票，并要我指点其一二。

我想，是我的文章引起他的关注了吧。只是他不知道，我炒股从来不做短线，也从不听别人荐股和各种内幕消息。这些坑早在 10 年前我就入过，交了不少学费，现在我也算是"老司机"，并非小白。看他这么热情，我只好报了几只股票过去：茅台、苹果和 facebook。

结果，这位股评大师居然问我这是什么？天哪，他甚至不知道苹果和 facebook，这怎么可能呢？全世界这么知名公司的股票他居然都不知道，我无语。生活中，风险无处不在。除了买入好公司的股票，用拉长时间维度来避免亏损外，还要克服占小便宜的弱点。比如短线，比如所谓的"专家"。

可能大家会问，美股怎么买呢？不会要去国外开户吧？其实投资美股很简单，我在网上查询过这方面的资料，经过反复考虑后，我最后决定用美豹金融投资美股。为什么是它？因为它安全，费用也低，操作简单。只需在手机上下载美豹金融 APP，绑上自己的银行卡，往账户里直接充人民币（官网上最多一次充 2 万元，手机上只能充 2 000 元），几天后会自动转换成美元充到你账户里，随后就可以买卖股票了。美股 1 股都可以买卖，买入手续费为 0.5 美元一笔。

买股票要选优秀而长久的企业，最好是垄断性企业或公司，不论是 A 股还是美股，这一点都通用。千万不要借钱炒股，也不要配资炒股。高风险市场，活着才有机会翻身。短线是在不停地交"愚人税"，并不能赚到大钱。长期持有优秀公司的股票，才能持续赚钱。而我自己，A 股和美股都是准备长期持有，几年后一部分用来给女儿读书，另一部分补贴我的晚年生活。想想自己也能赚美金，让老外为自己打工，睡着了也能笑出声呢！

要想成功，就必须丢掉期望和畏惧；而唯一可以消灭这两种假象的方法就是尽可能多地获得知识。——江恩

2. 写作——遇见更好的自己

写作是我去年偶遇简书开始的，一直断断续续在简书上写着，"她理财"和"网贷之家"等平台也有更新，但收入极少。写了一段时间后，我发现写作可以锻炼学习能力、思考能力、分析能力、沟通能力等，也是最直接、最低成本的赚钱方式从此便无可就药地爱上了写作。

写作让我开始深入思考，逼着我不断学习。许多坚持写作至今的人们，几乎都成为我们眼里的大神和大咖，这一波知识红利让他们迅速实现了财富自由。我却是后知后觉，现在才慢慢开始了磨炼写作技能。只能不断地鼓励自己，坚持下去。

写成书以后，也是极好的"睡后收入"。为了梦想，必须坚持。

我坚信人生的每一步路都不会白走，只要方向正确，功不唐捐。

写作也是普通人想要财富自由最便捷的方式。写吧，虽然现在的自己笨拙着前行，也是给自己无限机会，没什么不好。写得久远了，未来我就会撞见那个优秀的自己。但行好事，莫问前程……

英国作家塞•约翰生曾说："既会花钱，又会赚钱的人，是最幸福的人，因为他享受两种快乐。"我想要快乐，想要赚很多钱，可以好好享受激情万丈的人生。我甚至梦想着用投资赚到的钱去环游世界。古典老师曾在他的微课上讲过，坐船环游世界大概需要 16 万元人民币。我盘算着有了这笔"睡后收入"后，就去实现这个梦想，边旅游边写作，记录下奇妙旅行中的所见所闻。真棒！在异国他乡感受另一种生活，让自己的人生多姿多彩，充满张力和拥有更多机遇，允许自己的灵魂得到升华和精进，不正是我们所有人的梦想吗？我们的生活实在是乏善可陈，我不想安于现状，所以我会拼了命地努力学习和赚钱，争取过上想要的人生。

我向往郭川式的人生。他说："人生不应是一条由窄变宽、由急变缓的河流，更应该像一条在崇山峻岭间奔腾的小溪，时而近乎枯竭，时而一泻千里，你不会知道在下一个弯口会出现怎样的景致和故事，人生本该这样立体而多彩。"

为了过上立体而多彩的生活，就要努力让自己实现财富自由，财务自由了才好真正拥有想要的生活，才能与自己心爱的家人优雅从容地生活在一起，一起欣赏世界，过有趣的人生。赶紧去建立自己的财富管道吧，愿你能早些拥有自己的"睡后收入"。那感觉，超爽！

6.5　做个既会花钱，又会赚钱的人

1. 钱可能为你服务，但也可能把你奴役

我邻居刘阿姨夫妻都很节约，穿衣打扮极其朴实，他们从不去外省旅游和有任何烧钱的爱好，最多和朋友打小麻将，不知道的外人还以为他们家经济条件很差呢！衣食住行都是最次的，日子过得清苦。

第 6 章
怎样把钱越花越多　　151

其实不然，他们夫妻俩都是老师，现在退休在家养老，据说他们的退休金都快上万了，但他们依然过着葛朗台式的生活。

刘阿姨家只有一个独子，以前他们夫妻俩节省是为了供儿子读书，可现在他儿子都结婚了，他们夫妻俩还是过着自虐式的生活，上次听他们说给为了儿子买了房子，儿子才肯结婚。

刘阿姨他们平时不舍得花钱，在自家楼顶上种菜，平时都吃自己种的菜，但只要儿子周末回家，他们就杀鸡煮鸭做美食给儿子媳妇吃，等他们走后，夫妻俩要吃好几天剩菜……

他们家儿子吵着要做创业，为了支持儿子创业，他们拿出了积蓄，谁知被他儿子做一次亏损一次，多年从牙缝里省下的几十万就此打了水漂。

钱就是，你不舍得花钱，总会有人替你花。

2. 会花钱的人才是人生大赢家

我家小姑，则与这位刘阿姨相反。她很舍得花钱，衣柜里挂满了衣服和包包，鞋子更是多得成灾。50 多岁的人，天天打扮得花枝招展，光彩照人地四处游玩，拍出的相片美好而妙曼，让人羡慕。

我有次和她一起在外面逛街，店主说她是我闺蜜，把我小姑高兴得连买她家好多衣物。我有时不舍得买衣服，她看着我大有恨铁不成钢的意味。我的一些衣物就是在她怂恿下买的。

我表妹跟她差不多，都是舍得花钱打扮自己的主。看着她俩几大衣柜的名牌衣物，我却在一边计算着换成钱那该多好……

我心里很不解：真的需要买这么的名贵衣服？还有些都来不及穿！

包包和化妆品一定得成堆买吗？过期了呢？

貌美如花真得比一切都重要？

在别人眼里，小姑家一定是极其富有，但其实不然。10多年以前她们家也没钱，后来小姑父做生意挣到第一桶金后，我小姑就慢慢过得好起来。可惜好景不长，她老公做生意没几年就突然生病去世，留给小姑几十万积蓄。

小姑手里拿着钱，首先买了一套房子，早在2000年就买了，那时房价每平方不到1 000元，加上装修也就10万元左右。她还叫我大姑也和她一起买，可惜大姑不舍得花钱，现在小姑那套房60万元很轻松就能出手。

随后小姑在上班的同时，把钱倾其所有都花在表妹身上，最后还送表妹出国留学。

表妹回国后顺利找到高薪工作，并找了个高富帅结婚，我小姑与他们生活在一起，幸福地安享她的晚年生活。

3. 对于浪费的人，金钱是圆的，可是对于节俭的人，金钱是扁平的，是可以一块块堆积起来的

我在银川认识了张姓夫妻，夫妻俩都是六七十岁之人，非常质朴和勤俭。他们不但把四个儿女养大，甚至把孙子像亲儿子一般抚养成人。那日子过得才叫心酸，一个馒头加青菜就过一顿，每天只吃两顿，吃面时调料只有盐和味精，甚至碗里连一点猪油都没有……

那是真正的极简卑微地活着。好在老天有眼，张伯夫妻俩据说从来没生过重病，不然后果不堪设想。他几个孩子条件都不太好，两位老人开着一间杂货店，所得收入都去帮衬几个子女。

他们从来没有好好享受过生活，一辈子都是为子女而活，真的很伟大。

我时常劝他们，不要再给儿女钱了，把钱花在自己身上，多给自己买点好吃的，他们身体好了才是子女最大的福气。

他们为子女操碎了心，现在该好好享福，把钱花在让自己快乐的事情上面，花在健康上面，才不枉操劳辛苦的一生。

父母有责任把儿女抚养成人，但并不用一辈子都照顾他们。学会放手，让他们去细品人间百味，历经各种打击与压力才会成熟，父母帮不了一辈子，人生的道路终归要靠自己来走。

父母对子女的爱，比金子还保贵。

4. 金钱往往成为真正情义的障碍物

我还有位朋友，她的父母就过得非常自我，从不管子女成家立业的事，两个孩子结婚和生孩子及买房，从来不拿一分钱给自己的子女，而且经常问我同学要钱花，最后弄得我同学的小家庭支离破碎，到现在她与父母都没有来往。

塞缪尔·巴特勒曾说过：一个非常喜爱钱财的人，是很难在任何时候也同样非常喜爱他的儿女的。这二者就仿佛上帝和财神一样，形同冰炭。

无私奉献的父母和极度自私的父母我认为都不妥，作为母亲，我既不会学刘阿姨那样把所有的养老钱都给儿子败掉，也不会像我同学父母那样把孩子当摇钱树，无休止向孩子索取，弄得孩子痛苦绝望。

我会放手让孩子自己去经历她的人生，当她需要钱时，我会借给她，让她有归还的压力，而不是任其没有责任心的把钱给败光，连父母养老都成问题。还要学我小姑那样，把钱花在孩子教育上，尽全力培养孩子，让孩子接受最好的教育才是对她最大的爱。

毕竟知识才是人类最稳妥的财富。学富五车比家财万贯价值高太多！

我们要善待为自己的父母，要提升自己的赚钱能力，让自己的家人过得更好。试着做既会花钱，又会赚钱的人。

6.6 聪明女人都应学会理财

女人当自强，规划人生要趁早！

我发现自己身边，会赚钱和会花钱的女人挺多，而会精明理财的女人却很少。其实理财是一种积极的生活态度，它反映了自我认知和自律，不断地完善和修炼自己。我们辛苦工作赚到的钱经过时间岁月的沉淀，坚持每月聚沙成塔积累后的成效绝对是令人惊艳的。

几年前，我与一个女朋友敏碰面，许多年不见，她穿着非常简朴，与大街上众多的普通女人相差无几。我当时甚至还在暗想，她的生活一定过得很清苦，从她的穿戴窥见一斑。谁料，聊天中我才得晓她的近况。朋友敏20多岁就结婚了，婚后和丈夫一起打工，没两年就生下了宝贝儿子。

一家三口就靠他们打工的微薄薪水过活，过着云淡风轻的普通工薪族生活。可敏是个非常聪明的女子，她居然靠十多年的打工收入，不但养大了儿子，还买下了三套小套房。自己住一套，另两套出租。现在她儿子读高三，说准备儿子大学毕业她就退休。现在她正用业余时间学摄影，等退休后就到处旅游，要愉悦地安享她的晚年生活。

看着她笃定的模样，我想她肯定已安排好家里的生活费用，对此我深信不疑。只是孩子上学也许有变数，故要等孩子完成学业，她才能彻底卸下重担。真是个睿智的女人，她的生活几乎都在按计划进行着，且一切都在她的掌控之中。这样的女人真心让人佩服，为她的精明点赞。

看到她，我更加坚信理财是自己必须要学会的一项技能。现在的社会越来越浮躁，女人必须在经济上独立，才能得到世人的尊重和认可。我以前就以为嫁人了就会有保障，婚变后才体会到经济独立对一个女人是多么重要。千金难买早知道，女人应该尽早理财，清清楚楚地知道自己的钱是怎么花出去，还结余了多少，自己的理财收益多少等，一切皆要学会掌控。

很多姑娘会说工资这么少，哪里还有钱理财，为什么要理财啊？马克思曾经说过："饿到半死的人，第一块面包是他的生命，不吃会死，第二块是快乐，第三块就是毒了。"所以，理财就是要给未来备不时之需，也是每个聪明的女人应学的一项生活技能。理财要从最基本的攒钱开始，年轻时工资是很少，可我们哪怕是每个月攒几百元也是不小的进步呢。

靠山山倒，靠人人跑，还是靠自己最好！这世上没有任何事是一成不变的，婚姻也不是未来绝对的保障。还是自己早早规划好自己的未来最稳妥。越早开始理财，就越容易过上自己想要的幸福生活。这也是我经历过许多而获得的最宝贵的经验。自问，当我们青春已逝、婚姻破碎、意外突然降临时，我们有能力照顾好自己和家人吗？

学会理财，积极、努力、进取，大步向"钱"走！

6.7 为自己买下第一套房

说起我的第一套房，绝对利落，只去售楼部看了一眼沙盘，花了两个来小时就买下了房子。关于房间的朝向和楼层等问题，诸多细节我们都没想过，甚至自己都没料到当天能买下房子，就这样闪电般把人生买房这件大事给干掉了。

记得那是在 2003 年，我女儿才 1 岁多，我独自在家乡重庆创业。好像是 6 月份左右，前夫到重庆看我和女儿，我的好友红告诉我她家附近的楼盘刚好开盘，说房子不错让我去看看。我立马和前夫一块直奔售楼处。

到那一看吓一跳，人山人海，场面火爆。

当时该小区售价每平方米 2 200 元，3 年后就可入住，且首付 20% 就可立即购买。我和前夫看到购房者络绎不绝，人声鼎沸，房子异常抢手。我们也激动起来，当场抢了一套三室二厅的房子。简直难以置信，仅仅用了 2 个来小时，我们就买下了自己的房产。就跟去菜市场买菜一样简单，看着这菜还不错，新鲜又合口味，立马交钱拿东西走人。

本来我们就一直想有自己的房子，加上朋友在一边鼓动着，想到小区边上还有配套的小学，女儿到时上学也方便，二话不说就交定金成交。房子总价 26 万元，132 平方米，特别中意。现在想想那时房价是多么的便宜啊！其实当时我们手上也只有几万元，付了首付后存款全部清零。可是有了房子的感觉就是不一样，有了浓浓的归属感，我的安全感得到空前满足，超级开心。

到 2006 年的时候，那时我在浙江工作，从网上看到重庆江北的房子每平方米 5 000 元多一点，想再买一套房让女儿读巴蜀学校。可那时我俩好像都患上了拖延症一般，有了想法却没有付诸行动，结果第二套房就给生生拖没了。到 2008 年回重庆时，重庆的房价又涨了不少，想到以后还要留点本金做点生意，第二套房也就搁浅下来。

现在重庆好地段的小单间每平方米均价都已上万元，我没想过再买。因为目前房产的租售比过低。

租金回报率的算法：

$Y=R \times 12 \div P \times 100\%$

公式中，Y——不动产的投资回报率；

R——租金；

P——房产总价。

例如：现有一套 70 平方米房产总价 80 万元，该小区住宅相同房间的租金行情为 1 800 元 / 月，则此房投资回报率为：

1 800 × 12 ÷ 800 000 × 100% ≈ 2.7%

不动产投资的租金回报率要达到 5% ~ 6%，才是良好的投资标的物。所以在这种情况下，投资房产就很不划算，因为目前我的投资收益可以做到 10% 以上了。所以现在我肯定不会再去买房。

另外，要注意的是，自住的房产并不是真正意义上的资产，因为从理财角度来看，只有不断把钱放入我的口袋里的才是资产。如果贷款买房，肯定是要从我们口袋里掏走更多的钱。所以，如果大家要买房，请注意以下三点：

（1）自备款超过五成才买房：自备款准备足够多，代表买房者不做过度的信用膨胀，同时也会降低付给银行的资金成本。

（2）房贷支出不宜超过月收入的四成：过重的房贷支出对家庭负担太重，生活质量也会下降很多。如果我们的生活全被房贷所拖累得疲惫不堪，那买房就要慎重。

（3）买地段好的房子，一定要买市区好地段的房产。好地段的房子具有不可替代性，不易改变。因此，情愿买市区的老房子胜过买郊区的新房子，具有保值和抗跌性。

最后这一点也是我心底深刻的痛，我自己买的这套房位置就不好，离市中心有些远，所以 10 多年过去了，我的房产升值并不多；如果当时买在市中心，那房子肯定会增值更多，所以选地段好的房子是我最深刻的感悟。

总体来说，如果有条件当然是要首先买下自己的房产，有了房子才有稳定的生活，才会激情四溢地工作和奋斗，人生才会更加完美。趁年轻赶快买下自己的首套房。拥有自己的房子，就像拥抱了整个世界般美好！

6.8　人生就该有一次说走就走的旅行

生活中不如意的事总是有的，工作的压力，家庭关系或者是经济方面的负担等，让人心情郁闷而沉重。再没钱我每年也会带女儿至少旅游一次，以犒劳辛苦工作的自己。旅游，是我和女儿最喜欢做的事。想想在阳光明媚与海风习习的地方度假，倾躺在有遮阳篷的沙滩椅上，喝着沁凉的饮料，看着海边嬉戏的孩子；或是在空气清新的依山傍水之处，呼吸着大自然天然氧吧，那该是多美的一件事。

没有讨厌的工作，也没有各种会议和加班，只有大自然和自己喜欢的景色，放空自己的思绪，融入大自然的怀抱，给自己的身体和心灵好好放个假，多爽！我们辛苦赚钱，积极理财都是为了让自己和家人过得更好，所以我觉得即使钱不多，每年我们都应该安排自己一到两次旅游，给自己更多时间感悟世界的美丽妙曼。

可能有人会说，旅游会花很多钱的哇！其实旅行不一定要花巨资，只要找到好的方法，你也一样可以做省钱的玩家。首先，你要找到最合算的机票与旅馆费用，多关注一些航空公司或者旅游公司淡季的促销方案，淡季不管吃住还是机票都要比旺季优惠很多。

其次，如果是到国外，可以多了解当地的行情和消费水准，要"不耻下问"，也可以先到超级市场购买中意的食物，找到物美价廉的餐厅再去吃大餐即可。网上旅游达人很多，写出了不少优质的旅游攻略，如果打算出远门不妨先在网上自己搜一下详细的攻略。特别是打算自由行，最好是把旅游攻略打印出来，省时省力，一切皆在操控之中，多好。现在很多自驾游或者是网上组团游，有时我都想跟着陌生人做回背包客，体验不同的人生也是一种难能可贵的人生经历。

来一场说走就走的旅行，是很多人的梦想。其实在 40 岁离婚前，我几乎都没有真正旅游过。说起来都满满的心塞，离婚后我想重新开始自己的生活，把失去的自我找回来，终于有了第一次说走就走的旅行。生活除了苟且，还有诗还有远方。我想要一场放纵自我的旅行，来告别以往的生活。让旅行洗涤我心中的累累伤痕……

几天后，我和好友一行三人坐着飞机，开始了我的海南行。我们先去了三亚，住在一个朋友刚开的客栈里，老板亲自招待我们，给我们几位臭美的女人照相。

第一次面对波澜壮阔的大海，我当场失态了——放声尖叫并写下了随笔——《海》。

《海》

是云海水色一片天，

是柔情澎湃的暗涌，

是波澜不惊的婉诉，

更是一场历经千年的华美乐章。

那落寞在凡尘的女子，

已然让无边的美震撼，

沉迷在如梦似幻的情怀里。

那些如水的往事，不愿再回味，

生命中来来往往的所有人，

该来的时候自然会来，

该去时亦依旧会离去。

我们固然明白缘深缘浅不可求，

就不该徘徊在过往的情节里，

让光阴去洗涤心尘上的牵绊，

念伊伊海边照　　做一个娴静美好的良善女子。

那次去海南疯玩了6天，每天都和朋友观海发呆，听听音乐，做做可口的饭菜，那种放松和开心是来自内心的解脱。我看到了不一样的世界，看到大自然浑然天成的别样之美。蓝天、白云、海滩、椰林和欢笑，还有那个满血复活的自己。

与大海的美相比，那凡间的情爱简直不值一提。你永远无法叫醒一个装睡的人，就像你永远都不能感动一个不爱你的人一般。我何必再去苦苦纠缠一个不爱自己的薄情之人？不如把自己和女儿的生活过得有滋有味。这次旅行，彻底让我想通了许多事。

玩就开心地放纵着玩，以后的生活再慢慢挣钱。旅游就是花钱给自己买开心和快乐的，该好好享受美好时光。我暗下决心，以后要会赚许多钱，与女儿过得更加开心，定不辜负自己所有的付出和年华。即便我不再年轻，也要拥一颗光芒四射的强大内心。

回来后我算了一下，机票和住宿都是朋友给定的，我仅仅花了不到2 000元，但是却留下了一生美好的回忆。对此，我特别感激朋友的慷慨及无私陪伴，这份情谊会让我铭记于心。我看过当时的机票，往返也只有800多元，吃的海鲜与水果都是我们亲自去市场挑选的，大家一起动手做，便宜又开心。晚上再喝点啤酒，聊聊天，现在想想都美好到爆。所以，记得，如果时间允许，旅游一定要挑淡季!

其实，我到的地方也不少，杭州、上海、西安、宁夏、内蒙古、成都、义乌、湖北、三亚等。但大多都是因为工作和生活的原因，从来没有深度旅行和彻底了解一个城市，以后的每一年，我都会放慢脚步走近一个城市，体会它们的厚重与美好。读万卷书，不如行万里路。要么让我的灵魂在书里旅行，要么让我的身体在大自然中旅行，这两者都是我认知这个世界的最佳途径。

其实，旅行也算是为自己充电，充好电再去从容面对生活中各种挑战。适度调节自己的情绪，对人生也会有更深层次的领悟。当我们觉得很累的时候，我们更应该关心一下自己，是不是做了太多的琐事，很久都没有真正开心过了，生存的压力让我们忘了照顾好自己，放下那些不属于自己的事，给自己放个假，来一次说走就走的旅行吧! 因为，人生本就是一次旅行，你该多倾听来自内心的呼唤! 千万别忘了，犒劳一下辛苦工作的自己。

6.9　再牛的人，晚年无钱也凄凉

一个人的虚荣心和她的愚蠢程度成正比。

某个晚上，我的德国女朋友金，给我讲了一段自己的生活经历。金在工作中认识了一位52岁的澳大利亚大叔，这位身高1.84米的大叔外表异常迷人，并且还是一位研究航天领域的博士，英俊潇洒而事业有成。金被对方每天一封电子情书深深打动了。谁知，直到后来才知道，这位外表光鲜的大叔其实生活一团乱麻，所作所为更让人诧异。除了甜言蜜语外，与金出去吃饭都不肯花一分钱。

最令人绝望的是金又被医院辞退了，家里除了一堆过期的化妆品以外，几乎啥也拿不出手，53 岁了连生活备用金也没有。大叔也是位有智商没财商的男人，虽有丰厚的薪水却从来没攒下钱，所有的钱都用来买名牌衣物。两人生活在一起居然还租着别人的房子，如今连房租都快交不起了。金在看清这位大叔真面目后果断离开。想想也是，一个连自己的晚年都没有规划的人，还怎么能奢望他能带给别人幸福呢？

听完朋友金的讲述后，我心里思绪万分，思考了很多。现实很残酷，无论你有多聪明，事业上有多成功，可不会理财和规划自己财富，他的人生到头来却是凄凉而绝望，沦为别人的笑柄。50 多岁的人，居然连起码的生活费和晚年的保障都没有，这不是件很可怕很悲哀的事吗？对我来说，晚年生活凄苦简直就是人间地狱，一想到这里我就立马把这事记录下来，算是给自己作警示。

对我而言，养老是一个人生命中最重要的生活目标，一个人晚年幸福才是真正的幸福。要实现晚年幸福的生活目标，我们就应该在年轻的时候积攒到丰厚的钱财。一般人到 60 岁以后，就基本不能通过工作来赚钱了，晚年的生活费只有靠在年轻时的积累。现在社会竞争压力特别大，我们要靠儿女养老已不现实，能培养出一个自食其力而不啃老的儿女已是幸运，故该尽早规划好自己的养老金，才能在年老时安然无忧地过自己想要的生活。

我们怎么才能快速建立好自己的养老计划呢？可以根据下面这几个步

骤来进行。

1. 计算出退休生活费用

比如我们可以设想现年 30 岁的小强能活到 80 岁，如 60 岁退休就有 20 年的退休生活时间，还要考虑伴侣的生命周期，小强伴侣小红女士能多活 10 年，一个人的费用是两人费用的 50%，因此可算为 25 年（20 年 × 1+10 年 × 0.5 = 25）。假设他们每月消费 6 000 元，则 25 年所需生活费为：6 000 × 12 × 25 = 1 800 000 元。

哇，180 万元还真不是一小笔费用。

可是，物价上价是财富增长最可怕的敌人，如果每年物价上涨指数为 3%，25 年后物价就为现在的 2.1 倍。根据国家最新规定，本来女性 50 岁退休，现在延后了 5 年，要到 55 岁退休；男性更是要 65 岁才能拿到退休金。

以后政策怎么变还不知道，所以对国家的养老金不要奢望过高。按现在的价值算，两个刚退休的老人 1 个月大概也只有 3 000 元左右。

退休生活准备金表

	分类	计算方式	举例	
			小强	小红
A	退休生活费的计算时间	夫妻标准	25 年	
B	退休生活费（以现在价值计算）		每月 6 000 元	
C	国家养老保险金（预估）		每月 3 000 元	
D	需要为退休生活准备多少资金	D=B-C	每月 3 000 元	
E	退休生活资金（以现在的价值计算）	E=D × 12 × A	900 000 元	
F	假设物价上涨率		3%	
G	物价上涨倍数		2.094	
H	退休生活资金（以未来的价值计算）	H=E × G	1 884 600 元	

据上表不难看出，考虑到国家的社保和物价上涨等因素，小强家还需要为退休生活攒够 188 万元。

2. 检查当前家庭资产和负债情况

这里要检查一下家庭的资产与负债情况，尽量盘活那些不动用的固定资产，比如房子和高级车子等，变卖后可以用来做退休生活用的资金，银行存款这些都可以作为退休准备金。居住的房产除外。比如小强只有 10 万元存款，没有其他可以资产可以变现，故这 10 万元就可以当作退休时的生活准备金。梳理和评估自己工作以后积累的财产，也可看到自己对理财方面的成果，看看自己有多少资金可用来作为退休后的生活备用金。

3. 检查当前家庭总收入和总支出

下图是小强家的收支和存储情况表，你可以对照看看，自己的钱都花在了哪里。存下了多少？

小强家的收支和存储情况　　　　　（单元：元）

项目	小强家		我	
	支出	比重		
工资收入	7 000	82.35%		
副业收入	500	5.88%		
其他收入	1 000	11.77%		
合计	8 500	100%		
储蓄、保险	2 500	29.41%		
小计（A）	2 500	29.41%		
伙食费	1 500	17.65%		
服饰鞋帽	350	4.12%		
生活用品	200	2.35%		
居住水电费	240	2.82%		

续上表

医疗费	160	1.88%		
子女教育	1 200	14.13%		
书影费	200	2.35%		
手机＋宽贷	200	2.35%		
交通打车费	150	1.76%		
贷款	1 500	17.65%		
人情费	300	3.35%		
其他杂费				
小计（B）	6 000	70.59%		
合计（A+B）	8 500	100%		

弄清楚了自己的资产和负债情况后，我们再来算一下自己的收支和存储情况，看看自己一个月能存多少钱。如果你还不清楚自己每个月的钱花到哪里，花了多少，就该好好反思了。为了让自己的晚年过得幸福一些，现在起就该仔细关注自己的钱都花在哪里了，支出金额和支出项目要做到清清楚楚，这样才能算是对自己和家庭负责。在记账时最好把固定支出和浮动支出分开记，这样有利于根据实际情况调整浮动的费用，存下更多的钱。固定支出为每月必须付出的费用，如房贷费、电话费、保险费、物管费等，这些费用不能省，是每个月到时必须支出的。浮动支出则是服装费、伙食费、外出就餐、书影费等可以根据实际情况来进行调节的费用，要想每月保持更高的节余就要靠在这些费用上进行缩减调控。

4．当前家庭的攒钱能力

根据前面的收支表，很清楚小强家每个月可以存 2 500 元，一年就可以攒 3 万元，将这些钱按 10% 的投资回报优选法进行理财，25 年后这些钱将变成 3 246 000 元（30 000 × 108.2，其中 108.2 是累计复利系数）。

累计复利效果表

（每年单位复利）收益率 ＼ 年数	5 年	10 年	15 年	20 年	25 年	30 年	35 年	40 年
2%	5.31	11.17	17.64	24.78	32.67	41.38	50.99	61.61
3%	5.47	11.81	19.16	27.68	37.55	49.00	62.28	77.66
4%	5.63	12.49	20.82	30.97	43.31	58.33	76.60	98.83
5%	5.8	13.21	22.66	34.72	50.11	69.76	94.84	126.84
7%	6.15	14.78	26.89	43.87	67.68	101.07	147.91	213.61
10%	6.72	17.53	34.95	63	108.18	180.94	298.13	486.85
15%	7.75	23.35	54.72	117.81	244.71	499.96	1 013.35	2 045.95
20%	8.93	31.15	86.44	224.03	566.38	1 418.26	3 538.01	8 812.63

除了为退休做准备以外，我们还要考虑到子女的教育资金、购房资金、子女结婚资金、备用金等，都要做好充分的准备。退休生活的存储最好与其他用途的资金分开来存，这样便于管理，不论发生任何事，这笔钱都应该不要动用。

小强的年存储表

	分类	计算方式	小强	我
1	年攒钱总额		36 000	
2	用于对应退休生活的年储蓄额		15 000	
3	用于子女教育的年储蓄额		13 000	
4	用于子女结婚的年储蓄额		800	
5	用于住房相关的年储蓄额		7 000	
6	其他年储蓄额	F=A-B-C-D-E	200	
7	为退休生活进行储蓄的时间		30	
8	年收益率		10%	
9	复利系数		180.94	
10	退休生活资金（未来值）	J=B × I	2 714 100	

按年存储表可以看出，小强为退休生活攒到的钱也就 144 万元左右，实际需要是 188 万元，还有 10 万元的存款也可以用来当养老金，故：

188-144-10=34（万元）

还有 34 万元的资金缺口呢！

5. 为退休生活制订可行性计划

出现资金缺口是很正常的事，那我们该用什么办法去补齐这个缺口呢？有 3 种方法可以补救。

（1）提高储蓄能力。就当前的消费额下尽力缩小支出，以提高储蓄能力，或者是在工作以外开源做兼职，提高收入；最不济就是延长工作时间，使退休期缩短，费用自然就减少。

（2）将不能产生利润且会产生费用的资产处理掉，以此得到一笔资金来补充退休金。比如高级车卖掉换经济实型车，大房子换小房等，只要是可以通过出售而获得资金的都可以变卖掉。

（3）提高收益率。买入高收益率的理财产品，可以加速增加资金额。当然最好是请理财专家帮你规划一下，不要为了高收益而损失了本金，风险控制不管何时都是第一重要。

制订完退休计划后，我们就要通过认真执行来验证这个方案的合理性，如果在执行过程中出现问题，我们就应该及时修正和优化解决，没有任何一个方案是完美无缺的。虽然我也是普通人，智商和能力都有限，可我能认真自律规划自己的生活，也相信自己有能力把控好自己的生活。岁月静好，现世安稳。

希望这篇文能影响到你，让你有攒钱和规划自己幸福人生的欲望。谁不想日子越过越美妙呢？你说对吧？千万要记住，再牛再聪明的人，不做好理财和规划，晚年也可能会无限悲凉……

测量一个人的力量大小，应看他的自制力如何。克制自己，才能驾驭自己，成就自己。

6.10　学会理财，人人可以赚更多

梦想有多大，世界就有多大！

想要出头，想要过舒适的生活，我们普通人通过学会理财，真的能过上自己想要的生活和实现财富自由吗？在台湾作家李沅的《女人可以赚更多》这本书里就给出了完美的答案。普通白领丽人李美丽（本名李沅），最初也是个理财小白（月光族），在她的同事理财贵人铁乐士（毕业于美国拉斯维加斯州立大学 MBA）和艾伦影响下，按照自己的梦想拟定了计划后，一步步实现了她的所有理财目标。由最初的买车代步，到攻读下 EMBA 学位后，最终成功买下自己的第一套房子，完成了财务独立，人生自主的理财梦想。

通过李美丽的故事告诉我们，每个有财富梦想的人，可以在不断学习中找出属于自己的理财方法，持之以恒地付出，皆可成就财富人生！

通过李美丽的财富故事，总结她成功经验主要有以下几点：

（1）有自己明确的理财目标；

（2）明确的计划后严格执行；

（3）重视自己的专注力，善待宝贵的时间；

（4）有不断学习的拼搏精神。

成功学大师拿破仑·希尔说："没有目标，不可能发生任何事情，也不可能采取任何步骤。如果你从心底里，'坚定'地认为你可以办到一件事情的话，你就会办到它！"

1. 伟大的目标构成伟大的心灵

对于目标，我们可以从简单做起，先给自己定一个短期目标，比如一个月理财目标；然后再定一个中期目标，一年的理财目标；最后再有一个长久性的理财目标。通过每天、每星期、每个月来检查自己是否每天在向自己的目标奋进。有了目标后要学会安排优先级和设定阶段性的目标，好让生活更有意义。对生命没有渴望和梦想的人，习惯坐在电视机前"葛优躺"，或呼朋唤友去 K 歌，毫无节制地刷卡购物，打发时间，无异于在也浪费自己的生命。

我们对于未来的不确定感，所衍生的过度消费其实是"炫耀"行为，过度消费让月底收到账单的压力与日俱增。如每个月的娱乐花费高于储蓄或是基本生活所需，即应该压低娱乐费用、提高存款率的空间，这样就可以攒下一笔不小的钱。

如存款率偏低，不妨试着做每月消费预算，一方面自我控制消费额度，另一方面也能清楚知道自己究竟花了多少不该花的钱。对自制力弱的人，多利用"强迫储蓄"的理财工具。当薪水一入账就自动转到变现性较低的户头，自然就能够达到控制消费，提高储蓄的目的。

成功的人擅长将梦想化为目标，目标转为步骤，步骤转为日常工作内容。同时，他们勇于为人所不为，在追梦的过程中，不断寻找合伙人共事，学习积极管理不寻常的问题与挫折，克服自己对失败的恐惧。日本管理学者大前研一说："这辈子都不要说'我以后要怎么样……'如果有'以后'想做的事，不如现在就去做，没错，就请'现在'去做！"

2. 用正面的力量将梦想化为行动！

三个关键要素就成非凡人生：优先级计划、维持专注力、个人责任感。有了目标我们就应该去坚决执行，哪怕每天进步一点点，朝着自己的目标前进，肯定会离自己的梦想越来越近。有梦想却不去追梦，不去付诸行动，那只能说是在白日做梦。例如，我的梦想是在 50 岁以前不再为了生活而出售自己的时间。为了达到我的梦想，我就要学会理财，刻意训练出自己的另一个技能，为了女儿和自己也必须学会理财，提高收入。

而我的爱好是理财和写作，那我就专注理财，把学到的都写下来，即加深了学习，又提高了自己的写作水平。兴趣爱好完美结合，我想只要我一步一个脚印地坚持下去，总归有一天会得到意想不到的惊喜，对吧？我知道为了这个目标，难免会遇到很多困难；也知道任何一件事情想要从无到有，都必须经过"找方向"和"执行力"两个阶段，天下没有免费的午餐，从几年前开始，我都在步步前行！

亿万富豪洛克菲勒说："通往快乐之路有两个简单法则：找出你有兴趣、能尽情发挥的事情，并且将一生的精力全放在这上面，投入经历、抱负和天赋。"

我们每个人都应有"核心投资"，即根据自身情况量身定做专属的长期投资内容，致富的唯一途径是在漫长的理财学习过程中，找出属于你自己的路，努力然后坚持不懈，一定会成功。人的全部本领无非是耐心和时间的混合物。我很幸运，我通过不断地学习和反思，找到了自己最感兴趣的事情，当然你也看到了，输入与输出就是让我最开心的事。希望所有追求财富梦想的朋友们，也能找到自己的一条路，直达成功的彼岸。

无法实现梦想的原因主要有二：一是缺乏聚焦的目标，二是缺乏行动力。梦想，是想做的事"现在"就去做！

要成为财富达人应先认真思考："怎么过，日子才精彩？"以及"心里的渴望及梦想是什么？"思考过这两个问题，分清楚要"想要"与需要，人生才没有白活，成就千万财富，亿万人生才有可能。善于利用宝贵的时间，培养专注力。工作头几年，存钱更要存经验。

"现财致富"就像爬山一样，成功攻顶之前要有充分的准备，认真的计划、完善的行前训练，再加上每日体能锻炼！写到这里，我又想到了"注意力才是最宝贵的财富"。要把自己的注意力用到提升自己的成长上，专注于提升某个擅长的技能，提高多维度的竞争力，才能在将来活得更好，更有"钱"途。所以现在我才把工作后多余的时间，几乎是所有的空闲时间都用在看书和学习上面，就是为了通过学习，一步步实现自己的梦想。

我知道自己比不得 20 多岁的人，你们有大把的时间可以挥霍，可我都 40 多岁了，我再不努力再不拼尽全力，我那正在上中学的女儿怎么办？我那心心念念的梦想如何才能实现？所以，我知道时间的宝贵，舍去玩耍也要自我更新。更何况常常看到，那些年轻人比我还要努力。有的人早上 4 点多就起床写作，我怎么敢再虚度时光？一寸光阴一寸金，我真怕时间不够用，梦想无法完成，时间之于我是多么宝贵。而且，我的最大梦想就是财富自由后，有一天不再出售自己宝贵的时间……

爱迪生曾说："时钟是唯一让我失去东西的东西，时针走得飞快，时间是任何人类拥有的资产，也是唯一一件能够承担得起或失去的东西。"

学习、学习、再学习。学习是一辈子的事情！你追钱，追不上钱；钱追你，你跑不掉……我们在追求财富的同时，千万别忘了财富是属于有"知识"的人所拥有的。我们要养成终身学习和独立思考的能力与习惯。终身学习需要有计划、有系统、有纪律地执行。有知识，你就会有自信。

最后我在这里想说的还是那些话：

通过不断学习总结出一套属于自己的理财方式，坚持不懈地向自己的目标奋进；

理财就是自我觉醒的开始。

学会理财，人人可以赚更多。

读者意见反馈表

亲爱的读者：

感谢您对中国铁道出版社有限公司的支持，您的建议是我们不断改进工作的信息来源，您的需求是我们不断开拓创新的基础。为了更好地服务读者，出版更多的精品图书，希望您能在百忙之中抽出时间填写这份意见反馈表发给我们。随书纸制表格请在填好后剪下寄到：北京市西城区右安门西街8号中国铁道出版社有限公司大众出版中心 吕芝 收（邮编：100054）。此外，读者也可以直接通过电子邮件把意见反馈给我们，E-mail地址是：lvwen920@126.com。我们将选出意见中肯的热心读者，赠送我社的其他图书作为奖励。同时，我们将充分考虑您的意见和建议，并尽可能地给您满意的答复。谢谢！

所购书名：_____

个人资料：

姓名：_____ 性别：_____ 年龄：_____ 文化程度：_____

职业：_____ 电话：_____ E-mail：_____

通信地址：_____ 邮编：_____

您是如何得知本书的：

□书店宣传 □网络宣传 □展会促销 □出版社图书目录 □老师指定 □杂志、报纸等的介绍 □别人推荐
□其他（请指明）_____

您从何处得到本书的：

□书店 □邮购 □商场、超市等卖场 □图书销售的网站 □培训学校 □其他

影响您购买本书的因素（可多选）：

□内容实用 □价格合理 □装帧设计精美 □带多媒体教学光盘 □优惠促销 □书评广告 □出版社知名度
□作者名气 □工作、生活和学习的需要 □其他

您对本书封面设计的满意程度：

□很满意 □比较满意 □一般 □不满意 □改进建议

您对本书的总体满意程度：

从文字的角度 □很满意 □比较满意 □一般 □不满意
从技术的角度 □很满意 □比较满意 □一般 □不满意

您希望书中图的比例是多少：

□少量的图片辅以大量的文字 □图文比例相当 □大量的图片辅以少量的文字

您希望本书的定价是多少：

本书最令您满意的是：

1.

2.

您在使用本书时遇到哪些困难：

1.

2.

您希望本书在哪些方面进行改进：

1.

2.

您需要购买哪些方面的图书？对我社现有图书有什么好的建议？

您更喜欢阅读哪些类型和层次的经管类书籍（可多选）？

□入门类 □精通类 □综合类 □问答类 □图解类 □查询手册类 □实例教程类

您在学习计算机的过程中有什么困难？

您的其他要求：